大木構架

北美大木柱樑式工法設計與施作，從0 到完成徹底解構木質建築最高技藝

威爾·畢莫 Will Beemer 著　張正瑜 譯

Learn to Timber Frame: Craftsmanship, Simplicity, Timeless Beauty

致謝

我要感謝傑克索邦（Jack Sobon） 提供的原始設計和他多年來給予的豐富靈感；感謝大衛卡隆（Dave Carlon）對我教學工作的協助，他陪著學生們一起鋸切過無數構架；感謝湯姆巴菲德（Tom Barfield）向我提議寫作這本書與他從不間斷的支持；感謝一起研習大木構架方法的學生，還有那些大膽放手讓我們去實作構架的客戶。

在此紀念艾德勒文（Ed Levin），他教我們對大木構架要抱持熱愛。

目錄

CHAPTER 1

何謂大木構架？ 9

CHAPTER 2

前製準備 18

CHAPTER 3

放樣系統 30

CHAPTER 4

工具說明 36

CHAPTER 5

放樣與裁切步驟 50

推薦序 傑克・索邦 Jack A. Sobon

生命中有一種超越生存的追求，使我們得以從日常工作中提升，也使我們著迷於想像、並賜與我們對生命的冀求。大木構架工藝就是這樣的一種追求，她涵蓋了所有必要的成分：引人遙想中世紀建築物大廳的豐富歷史背景、裝飾華麗的廟堂，以及拓荒者的居所；與母親大地的連結（千年以來，樹木是人類能夠加以應用並可持續更新的資源）；而她也回報給我們一種世代相傳的結構形式，這是我們付出辛勤汗水後的物質回報。興建大木構架，我們得到的收穫遠遠超過其他類型大多數的工藝：她提供遮蔽、強健居民的生命，並使我們包圍在自我的創作當中。至於永久耐久的考量，又是如何呢？大木構架建築毫無疑問可以維持一輩子，有更多案例經常是屹立了好幾世紀之久。落成之後還能永世存在，就像是努力付出所留下的遺產。

今日，這一項為人類文明服務至少七千年的古老工藝受到工業革命帶來的威脅，在二十世紀中逐漸瀕臨滅絕。古老的方法和物件被新時代的新奇事物給取代，電視、塑膠、和太空旅行占據大多數美國人的心靈；夾板、鋼材、和混凝土為建築行業下了新的定義。這是一個征服自然、而非與之共存的年代。當我們擁抱、關注新科技時，便不幸地遠離了古老傳統方法所建構的龐大知識體系。

約莫六〇年代末期，許多人意識到，我們在急於現代化的同時也割捨了一些美好事物。在橫掃美國的回歸鄉間運動（back-to-the-land movement）中，大木構架的表現非常亮眼。她帶我們回歸自然，讓我們參與家園的建造，同時教導人們再一次為邁向共有的美好生活而攜手合作。大木構架協會（Timber Framer's Guild）的成立就是這次復興的成果；該協會成立於 1985 年，吸引了來自北美與世界各地的工匠與熱誠的參與者。隨著協會的擴張，相關的教育工作坊與出版品對此工藝的成長有著大力提攜，也確保大木構架能夠持續發展。

在協會的努力下，威爾・畢默（Will Beemer）成為一位領導者，特別在教學工作上有所著墨。他在「芯木學校」（Heartwood school）擔任講師，數十年下來，威爾從協會學徒訓練課程的互動中逐步完善自己的指導方法。本書接下來的內容相當明確：藉由簡明的介紹，帶領對大木構架有興趣的人投入這項工藝；並藉由聚焦於小型結構的操作來輕鬆學習相關概念；然後從設計規劃進入著手建造的階段。

歡迎你加入大木構架的世界！

作者序

　　康乃迪克西北邊的山上是一片約有四十座鄉村式家庭營地的聚落，那些小屋遺世獨立地深藏在優美的湖畔森林裡。這些家庭在時光長河中徐徐擴建，且隨著新世代的出生與成長，群體中對私人空間的需求也不斷加大，於是出現兒童房間和廚房小屋，存放小艇和其他運動用品、維護設備的儲藏空間也如雨後春筍般冒了出來。這類結構體大多都能溯及至一個共通的起源：在這些山居者之中，曾經有人在 1988 年到西麻薩諸塞的「芯木學校」研習了木工課程（請詳見書末〈參考資源〉）。

　　1978 年芯木學校以「自力營造」（owner-builder）的形式草創成立，對外教授建造節能住宅所需的技能。我和妻子蜜雪兒在第三年受邀到芯木學校擔任講師；1985 年創立者因故離開，於是我們倆人接手獨立營運。經過了幾年，芯木學校的拓展涵蓋大木構架及其他木工技術，透過實作案例來進行教學。案例之一就是一座

芯木學校校舍座落於西麻薩諸塞的伯克郡山丘，1978 ～ 1979 年由職員與學生利用基地上的林木建造而成。這棟建築物容納了辦公室、教室、溫室、木工房、圖書室、及用餐區域。

12'x16'（366x488）的大木構架。當這位康乃迪克州訪客造訪芯木學校時，看見建造中的其中一座古典構架，他了解這種建築類型可以滿足他在自有土地上建造工具間和商店的需求。過不久，他委託芯木學校的一門課程來幫他蓋房子。構架完成之後，他訂製了另一個附加在主屋側邊、做為小寢室的構造。數年如斯過去，我們在這片山上前前後後建造了十座增建小屋，每一座都有不同變化：有些大一點、有些小一點；有些附帶閣樓或懸挑、或有著不同的屋頂高度。書

中的許多照片就是當時工作成果的呈現。

芯木學校以同樣的設計為基礎，陸續在各地建造了超過 25 座大木構架，她們之間的差距猶如阿根廷與加州那般遙遠。木料通常是在學校預切完成後再運到基地組裝。這種簡單又迷你的大木構架，迷人之處源自其美感、機能性、適應性、擴張性、易於建造的特性、以及在地材料的運用。大多數的人都可以輕鬆取得木工技術及所需工具，而且採用的接合大多都是同樣的做法，許多變化始終都立基於核心的設計

概念。本書會將接合的細節加以拆解，說明可能的變化方式，展示完成案例的照片，並為切割、組裝與圍合構架提供實際的準則。

令人振奮的是，近年來有愈來愈多人捲起衣袖、親自去摸索創造遮蔽處所的方法。當電視與網路的虛擬世界成為人們生活的大部分時，對於能夠花時間欣賞的人來說，實質的庇護處所、食物、和大自然便成了更有價值的事物。製作這種有形又永久的物件，滿足了人類的基本需求，也給予我們將個人溫度注入設計作品當中的一次機會。

對於願意動手擴建家園的新手建造者來說，這些微型構架是很不錯的初次嘗試。時至今日有各式各樣的構架，或做為大型家庭式營區的花園、工具間、車庫、客房、藝文工作室、木工房、夏季廚房、以及大型建築物的增建。唯有想像力才有辦法限制她的變化可能，親手組立屬於自己的大木構架時，你心中一股強烈的共同感和成就感會油然而生。這是與家人和朋友共享的活動：你正在打造一座續存於未來世代的結構。

1／何謂大木構架？

通常木構架指的是任何使用木料構件的構架系統，不過在北美，我們以這個名詞來指涉大木（solid timber，斷面大於5"x5"）以傳統木榫接（wooden joinery）組合起來的構架，屬於柱樑構造（post-and-beam construction）的一種。本頁照片是電影《證人》（Witness）裡建造的穀倉。

歷史悠久的藝術

大木構架是使用較大構材、採取較大間距、採用榫眼－榫頭（mortise-and-tenon）形式的榫接、並以木插銷（wooden pin）或木釘（peg）接合而成的構架，而非使用小構材（2x4、2x8 等規格）、以較密間距排列、且簡單以對接（butt-joint）和釘定等方式所施作。這是殖民者帶到新世界的傳統構架方法，在伐木、乾燥與釘子量產時代到來之前，在世界各地許多木材生長地區都可見到她的蹤影。相同的技術也用來建造亞洲的廟宇和大型木造神社。殖民地的建造者通常是船東，他們以基本的手工具和最少量的材料處理程序（然而他們身懷極佳的技術）來打造庇護的居所。歐洲各地上百年的木造建築仍受到良好保存和重視，木匠被訓練成大木構架製作者，本書將呈現他們的高超的技術。

這排擁有上百年歷史的大木構架座落在英格蘭肯特郡坎特伯里地區，其建造技術及所有人的財富都反映在木構造建築物外露的豐富細工上。這項工藝受到高度重視，建築物也相應地獲得妥善保存。

大木構架 vs. 框架構架

1830 年代的北美地區，拓荒者向西移居，他們需要一種能夠讓無技術勞工快速建造屋舍的方法，加上新建鐵路能將小尺寸木料運送至沒有樹林的草原，伐木技術、乾燥方法、材料量產也在同時期提升，推進了新式構造系統的發展，稱之為框架構架（stick framing）。這種系統重複使用許多小尺寸木料（例如 2x4）來克服缺少技術工的問題。時至今日，任何人都能倚賴小規模的工班來建成房屋，速度也更快，因為這種構架是以釘子釘成，不需具備榫接技術。1871 年芝加哥大火（Great Chicago Fire）之後，由於城市中有一大塊區域需要快速重建，框架構架因而紮紮實實地發展成為輕構造的主流方法。

話雖如此，大木構架仍是一種可行的選項，即便需要更高深的技術。因為她大尺度、開放的平面（無室內承重牆）、以及外露的大木與榫接，建造並居住在這樣的結構裡頭會讓人感到愉悅。如果你有一片樹林、或者能接觸到你所在地的鋸木場，那麼材料價格會比從木材場購買乾燥後的「釘版條」更加便宜。

次頁表格說明了框架構架與大木構架的主要差異。

大木構架（上圖）是大尺寸木材採取較寬的間距配置，並以傳統的榫接接合而成；框架構架（下圖）則是由間距較密的小尺寸木料，以釘子接合而成。框架構架的構架同時做為結構性的構件，以及包覆、隔熱和裝修的介面；大木構架則需要不同的包覆策略，例如使用結構型隔熱版（詳見 P.168）。

框架構架與大木構架的差異

	框架構架	大木構架
構材尺寸	將木料（2x4、2x6 等）以一致的尺寸間隔設置（參見第 22 頁「標稱 vs. 實際」）。	大木（大於 5x5），足尺且其粗伐（非經裁切）情況像是從鋸木廠出廠的狀態，尺寸通常會有的差異
間距	通常採取心到心 16″ 或 24″（40 或 60）的距離，以符合版式包版材料與隔熱的需要。	皆可，只要能安裝面層材料及隔熱材 *
樹種	軟木，通常透過木材堆置場向外地的林場或鋸木廠採購	皆可 *，最好來自在地林場，由在地或現地伐木場提供
濕度控制	窯乾	通常為自然乾燥、非機械乾燥
接合	以釘子對接	以木栓進行榫接
水平載重的斜撐	來自夾板或 OSB（oriented strand board，定向纖維版、定向粒片版的簡稱）	對角斜撐或剪力牆
圍封	構架受到覆蓋，並於其中填入隔熱材。	室內的構架外露，覆有隔熱層（通常為結構型隔熱版 SIP）。
技術需求	基礎木工技能：以圓鋸簡易裁切並以鐵鎚釘定；誤裁情況通常會隱藏起來。	中等木工技能：接合部外露；必須考慮大木的不規則性；磨利鑿刀
工具需求	圓鋸、鐵鎚	鑿子、細木作使用的木槌、粗裁接合部的鑽孔工具。
施工過程	由少數人於現場完成	構架通常在基地外裁切（在工坊內）；組立時通常需要較多人的團隊、或利用起重機。
成本	勞力成本相對較低；材料成本則相當於大木構架	勞力成本相對較高

* 對結構要求的考量會出現在較後期，不過簡單來說，構材的尺寸（深度及寬度）、跨距（長度）、樹種、和間距都必須符合結構載重（重量）與涉及包覆方式的要求。無論採用的構架系統為何，當上述要素的接合部符合相關規範時，便可依據需求調整，並加以變化。

讓我們更仔細地來看這些差異：

構材尺寸

大木的定義是大於 5"x5"（12.7x12.7）的構材；木料則是指最小斷面為 2 到 4"（5 到 10）；木板則是指厚度在 1"（2.5）以下的木材。以上是標準說法；我們大多會害怕在木材堆置場或鋸木廠中盲目尋找材料，因此掌握術語很有必要。

間距

約莫上個世紀，以 4'x8'（122x244）的版材標準為基礎的框架構架逐漸發展成高度模矩化的建築系統——外部為夾板外覆層、內部為乾式牆體，牆體支柱及其他框架構材以心到心 16' 或 24'（488 或 732，從其中一根構材中心點到相鄰構材的中心點）為間隔，用以確保版材邊緣有相等的支撐。

相反地，傳統大木構架結構則採用實木長條板（solid-wood plank）做為樓版及外覆層，而且構架間距不受制於木板尺寸，允許版材橫跨在支撐構件之間。

當大木構架的設計發展到已經可以用木料來建造時，我們仍然選擇大木的理由，大多是因為其外露構架及接合部位所流露的美感。隔熱材與外覆層會將構架包起來，而不是將構架埋入牆體和屋頂之間。

樹種（以及材料採購）

在木材堆置場的構架材料大多是軟木——通常是雲杉、松木、或冷杉——它們可能是來自世界各地的木材，在全球商品網絡中分銷。木材經過分級、乾燥、和刨削，生產出穩定的產品，供大量生產的建築物使用。由於乾燥、運輸及儲放的需求，現成木料的能源足跡會比當地鋸木廠生產的材料還要來得大。

大木可能產於你自家林地的任何樹種，只要它們的結構健全；也可能出自於附近的鋸木場（遍布在新英格蘭各地），藉此支撐在地經濟。你也可以購買電鋸或可攜式帶鋸機自行裁切大木（和木料、木板）。硬木與軟木各有不同的特性與優點，在下一段會進行討論。我們的大木構架設計是採用美國五葉松（Pinus Strobus，北美喬松），不過也可以用其他樹種來替代（詳見 P.27）。

含水率

新伐的木材含水量高，會隨著木材乾燥而改變形狀；這點可以從乾縮、裂痕、及可能發生翹曲等情形來獲得印證。使用在框架構架的現成木料經過窯乾燥和刨削，上述的材料變化情形大多數都已經去除了。然而，由於廠商急於將產品推至市場，樹木從快速生長的林地取來後只經過最低度的烘乾，在建造之後很可能仍會稍微變動。軟木木料很容易在乾燥

軟木與硬木

一般來說，軟木的乾縮和變動幅度比硬木小。美國五葉松是其中一種，乾縮率最小，因此名列大木構架最理想木材的首選。如果選擇使用混合樹種，通常構架中最大型的大木最好以軟木來施作，較小型的大木構材（斜撐、接合部、牆飾）以硬木來施作。

後進行釘定，這也是以它做為構架材料的理由之一；雖然硬木強度比較高，不過一般來說更為堅硬、更重。

在地新伐的大木屬於生材（green wood），其做為大木構架的最佳方式是在鋸好接合部位、將構架組立並且完成構件扣合之後，讓所有變形的情況一同產生。生材階段比較容易施作接合部，特別是處理硬木和使用手工具的情況。以木材的自然乾燥（air-dry）來說，每一英吋的厚度需要一年的時間；而以窯乾燥方式處理大構件並不可行（北美有數間採用無線電頻率或微波的窯廠有能力處理，不過這項技術要價高昂，且只針對特定樹種有效）。使用舊建築物的再利用大木，是取得「預先收縮」（preshrunk）穩定大木的另一個辦法，不過很可能要經過再磨製的程序，還要檢查木料裡是否藏有金屬。

接合部

框架構架的發展隨著螺絲釘進入量產，出現局部進化。由於框架構架採用複合且冗贅的構件，使用釘子就足以將建築物整座固定起來。

相反地，由於大木尺寸太大，以致於難以利用釘子將所有構件釘合，而且構件數量也較少，構件之間的接合於是成為更加關鍵的議題。一般來說，接合部設計的目的是為了將一根大木的端部接入另一根大木的側邊或端部；通常是以基本榫頭 – 榫眼榫接的各種變化形來構成。

貫穿榫眼與榫頭

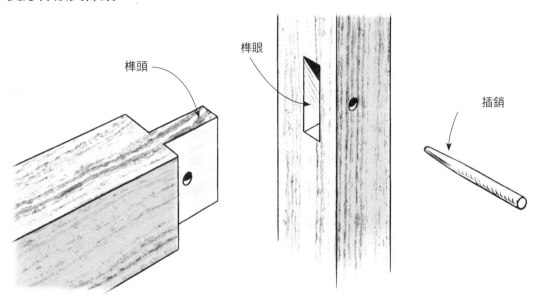

榫頭

榫眼

插銷

這種簡易的連繫接合是最基本的形式，可以處理中等載重。在世界文明的千年長河中，有數不清的建築物都運用此種榫接。

大木可以確實地「框出」房間，同時也可以做為展示物品用的架子，以及吊掛帽子的木勾。

因應水平載重的斜撐

框架構架通常仰賴結構性的外覆層——夾板或定向粒片版——以大約 6"（15）的間距釘在構架上，藉此達到剛性（stiffness），並抵抗來自風力、甚至是地震力在內的位移推力。這些側向力就是所謂的水平載重（lateral load）。

大木構架並不會每隔 16"（40）或 24"（60）的間隔（bay）就配置一根短柱（stud）或椽條（rafter）來承載這些片狀材料，反而是由對角斜撐（diagonal brace）來提供剛度（rigidity），通常以 45 度角設置在立柱與樑之間，形成正三角的斜邊。在某些因地震或颶風活動而具有高度潛在水平載重的區域，可能會受建築法規限制而必須設置剪力牆（shear wall），這部分會在稍後說明）。

圍封

在框架構架中，規律的構件間距提供了等距的寬度，不僅能夠塞入標準化的隔熱材，並且做為外覆層的支撐，再進一步承載壁版（siding）和屋頂。（在完成配線與配管之後）這些相同尺寸的構件再從內部以乾式工法施作石膏版或其他材料進行包覆，因此構架會完全隱蔽起來。

如果要用同樣的方法來圍塑大木構架的話，需要在大木構架外部加裝一個框架構架（如果你希望在室內看見大木），因為大木構架承載著載重。不過，這道輕構架或是帷幕牆（curtain wall）不需要結構性框架構架系統中所有必要的部件（例如楣版header）。這種外部輕構架很尋常，但大木構架的做法卻隨著結構型隔熱版（SIP）的出現而爆炸式成長。這種版材是在夾版或OSB版的層版之間夾入剛性發泡隔熱材（rigid foam insulation），最大可以橫跨8'x24'（244x732）的範圍，以長螺絲鎖在大木構架的外側。有了SIP版，就不必再於大木構架外側安裝另一層輕構架。

技術要求

框架構架與大木構架兩者都需要木工技術，例如閱讀圖面、看懂捲尺尺寸、能夠以鋸子鋸出直線等等。然而，框架構架通常是以尺寸統一的標準化材料施作，並且依據建立好的樣式來組立。木工只要知道建築物的尺寸、門窗及室內牆體的位置，就可以採取選定的中心距離來架構建築物，這也是為什麼框架構架的圖面很少會包含一系列構造圖的緣故。

相較之下，大木構架對木工人員的技術有更高的要求。來自鋸木場的木料是生材且稍微不規則；這樣的材料在經過設計、放樣、切割、以及接合組立的程序後，仍必須產

出垂直、水平且方正的結構。這需要相當的耐心、注意力、理解力與特殊的技能，包含木料還在鋸木場時，就能具體想像其結構完成樣貌的能力。既然大木與接頭通常都保持外露，就必須更加小心，因為失誤的地方將不會被隱藏起來，相對地，好的成果則會帶來更大的滿足。

需求工具

框架構架也許只需要一把鋸子、角尺、榔頭、捲尺、粉筆、水平儀和鉛筆。動力機具和空氣釘槍有助於提升工作效率，但成果不一定比較好。

大木構架還需要其他工具，主要是用於製作接頭。大木尺寸大又重，而且可能需要推車或更多人力來協助搬運。由於它的不規則性，直角規或複合型尺規有助於維持建築物接合部相對於參考構面的一致性。榫頭可以利用鋸子、甚至是斧頭來製作，不過榫眼通常很難以切割方式處理。製作榫眼需要用到鑽孔機，例如裝有大型鑽頭的電鑽、老式鑽孔機器（鑽樑機）、或現代電動連續開口機等。木槌和大木構架鑿具則是切割、甚至是修整電動工具粗切接頭的基礎手工具。木槌也可以用來敲動插銷；較重的木槌稱為大木槌（commander，又稱為杵或重搥）則用以組合大木。

有一些大木構架工具需要相當的金錢投資，其他像是大木槌或木槌則可以利用手邊的材料來製作。

建造程序

大部分的框架構架建築（除了工廠生產的套裝組合之外）仍然是在現場切割與組裝，樓版在地面製作，並做為更高處牆體的施工平台，最後再完成屋頂。天候、動線，以及與建造者住家的相對距離等因素，都會影響建案的完成速度。

就某種層面來說，大木構架是一種套裝、或是「預製」的結構（pre-manufactured structure）。你可以在基地外的大型工廠或車庫內切割構架，如此能避免天候影響，而且距離住家較近，然後再將構件運至基地，並在數小時內豎立完成。你需要一個既能儲存大木（上方最好能有覆蓋）又能工作的空間，還需要一輛貨車或拖車將木材運送到基地。當然，如果木材來源就在你的建築基地，那麼直接在該處工作就很合理。

框架構架牆體和大木構架的跨架都是將構材平放在平台上組裝，再往上豎立。不過大木重量較重，通常你會需要比較多人力來協助，甚至安裝獨立的椽條。吊車、堆高機、或其他機具會在大型構架的組裝工作中派上用場。

成本

就使用的構架材料數量來說，不管是框架構架或是大木構架，較小型的結構使用的木頭體積通常相同。木頭體積是以版英呎（BF，board-foot的縮寫）來丈量；一版英呎是指 12"×12"×1" 厚所得出的體積（30.5×30.5×2.5）。如果將鋸木廠構架材料的 \$1/BF 與當地鋸木場大木材料的 \$0.75/BF 相比，那採用大木構架比較便宜。不過，跨地採購大木較為昂貴。如果要付錢雇工，大木構架通常比較昂貴，因為其中涉及一定的技術門檻。假設你是獨自完成工作，那麼勞力成本就不是問題，只是通常要花費更長的時間才能完成大木構架（當然你也能得到很大的成就感）。

其他影響成本的因素還有外覆層及隔熱系統、以及裝修的程度。擁有一座良好大木構架的業主經常也會提升其他系統的等級，來達到層級的一致性。採用在地鋸木場的木材與木板來施作外覆層、壁版、鑲版、櫥櫃、和樓版等，可以很顯著地省下成本，最終大木構架將耗費較低的生命週期成本：由於內部受到隔熱層保護，並且經常有很好的維護，構架能夠維持較長時間（甚至長達百年）。

總而言之，如果你自己付出勞力在大木構架的施工上，購買在地材料的成本會低於以木材廠材料建造的框架構架。以在地材料建造的大木構架不僅對環境友善，而且具備了擁有者所賦予她的特性和美感。當然，如果你想要的只是一間沒有隔熱作用的花園儲藏間，並且預計支付雇工費用，那麼費用就難以跟出自於大型通路商的框架構架預製棚架相互匹敵。不過，那就不是你購買這本書的理由了。

2 / 前置準備

數千年以來，人們在沒有建築法規或是標準化材料的情況下，早已發展出大木構造。直到過去一個世紀左右，建築產業才變得如此依循規範，而規範通常指的是以一系列範圍局限的指導原則（要說是配方也可以）來指導蓋出一棟房子的方法。對於想要採用傳統方法，例如使用在地材料的大木構架法來建造房屋的人來說，必須更透徹地去了解材料與工藝技術。建築材料的種類、尺寸、和形狀等等決定均仰賴建造者的眼光，而且通常會超越建築法規的限定。

使用未分級的原始大木

本書的大木構架是以使用「原始」大木為前提，取自當地種植的樹木，並且在基地現場、或在鄰近的鋸木廠切割（或是手工砍伐）至需求尺寸。事實上，你幾乎不可能在一般傳統的木材堆置場找到大木；在那裡存放的最大型大木尺寸通常是 6x6 或 6x8，而我們這種大木構架使用的尺寸卻是 7x7 至 7x10、甚至更大。我們也推薦使用生材和未分級的大木。第一章提到，如果你選擇的是收縮率較小又能快速組立的樹種，那生材引發的問題會比較少。通常你不會想從圓木（log）階段伐出大木，再等待數年時間自然風乾；它們很可能會在過程中扭曲而必須重新鋸切。如果你必須等待，那麼最好先剝除圓木的表皮（藉此避開蟲害），將大木裁切平整，再來開鑿接頭和組立。

構架還可以針對乾縮的影響來加強設計（我們的構架就是這樣）。由於木材在長度上的乾縮程度遠低於寬度的乾縮，因此支柱（post）應該盡可能地拉長——從地檻（sill）到桁樑（plate），即建築物的總高——並且跟在柱子之間接合的中間樑（intermediate beam）進行搭配。比較大木構架與平台構架（platform framing，框架構架住宅的標準設計）時會發現，平台構架是先將樑置放在一根短柱上，接著再有一根柱放在此樑上，以此來增加建築物的高度。當樑在深度方向乾縮時，會導致樑的垂直高度跟著縮減，整棟建築物也因此降低了一些；相反地，如果是將樑連接到連續貫穿的柱子上，那麼樑會乾縮，但柱子仍維持相同的長度。

建築法規

使用未分級的大木會引發建築審查與法規的議題。建築規範是地方建築主管機關強制執行的範疇，是一系列具備規定性的最底線要求，用來確保建築物的安全性與性能。建築主管機關通常是該城市或市政府的建築部門，而法規的訂定是由建築委員進行評估與校驗。大多數建築法規是以州或區域法規為模型，例如被廣泛採用的國際住宅法（International Residential Code，簡稱 IRC）；而地方建築法規則是對其管轄權底下允許何種建築行為的最終決定。特定的法規要求會依據城市、鄉鎮、或州別而有

從小尺度開始

本書示範的構架尺度小，為首次學習大木構架的人提供了一個有用又好掌握的方案。人們很容易低估完成一項建築計畫所需要的時間：構架只是開始，完成之後還必須施作包覆和裝修，因此我們建議建造者先從小尺度開始，然後再漸次增加。書裡示範的構架具有調節性，配合你學習到的技巧和可調整的設計，未來你有機會在兒孫的幫助下，順著這個發展逐行增建。

所不同。

　　針對住宅採用的木構造，大多數法規僅包含一般的框架構架，而不涵蓋營造領域中一直屬於少數且特殊的大木構架。就框架構架來說，法規裡面提供了分級木料的容許跨距（allowable span）圖表，你可以在木材廠每一根木料的標章上看見材料出廠時由檢驗者所認定並載明的特性。像是在檢選結構（Select Structure）這樣的分級當中，一級或二級的標示是告訴建造者可以依據對應的表格，來確認這根材料所能承受的跨距跟載重。但這些圖表只涵蓋框架構架的木料，而沒有大木。

　　來自自家林場或當地鋸木廠的大木不會分級，因為分級工作通常只有量產構架木料的大型鋸木廠才會實行。儘管 IRC 並未針對天然（未分級的）大木訂定規範法條，許多擁有豐富大木資源的州都有自己的修正案，允許單戶、兩戶家庭住宅（one- and two- family dwelling）以大木做為結構材。大木的選用是靠設計者判斷，來確認大木尺寸合乎需求，並且根據伐木者跟建造者的判斷來確認大木的品質是否足夠（沒有

木頭如何乾縮？

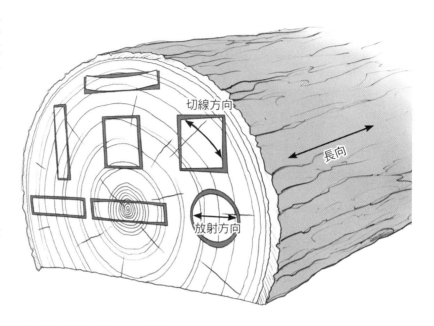

當木質細胞乾燥之後，木頭會變形。年輪長度有各種變化的木頭斷面不會呈現均勻的變形，木質細胞較多的區塊，其收縮程度會大於木質細胞比較少的區塊。切線方向上（沿著年輪）的收縮程度會比放射方向上（穿過年輪）的收縮程度來得激烈；長向上（沿著木材的長度）的收縮程度最小。

標稱 vs. 實際

木材和大木的尺寸可以用標稱尺寸（nominal dimension）或實際尺寸（actual dimension）來標示（一般來說，如果尺寸之後沒有 " 記號，就是標稱尺寸），這意味著實際尺寸也許會變動。舉例來說，木材廠的標稱尺寸是 6×6，但是實際上是 5½×5½"，這是因為 ½" 已經設定在原本 6×6 的乾燥收縮範圍之內。本書絕大部分採用的是標稱尺寸。但因為書中主要案例處理的是來自鋸木廠的大木（而非木材置放場），實際尺寸應該會相當接近標稱尺寸，好比差異在 1/4" 以內。一間優良的鋸木廠可以生產出標稱尺寸在 1/8" 誤差以內、方整的生材；建議你從在地大木構造施工者那邊尋求材料採用的推薦。

腐朽、大樹節、或其他缺陷等）。這些通常都建立在經驗之上：設計者利用依照法規圖表規定的公式來判定尺寸；如果告知大木的用途，優秀的鋸木工人會知道該如何選出與其用途相符、品質適當的原木。

依據 IRC 規定，大部分的州與地方法規不會針對一層樓的儲藏空間和一定規模以下的附屬建築物要求建築許可（building permit）。有些地區規定的最大建築面積是在 120 平方英呎（約 11m^2）以下，但在其他許多地方則規定是 200 平方英呎（約 18m^2；本書的標準是 12x16' 構架，面積 192 平方英呎、178m^2）。所以如果不需要建築許可，建築稽查員甚至不會強行以法規干涉你的案子。不過如果有建築許可的要求時，還是要遵照法令的規定。要注意的是，你的案子如果出現可能導致建築許可要求的其他特性，例如增加配管、基礎種類、基地配置等等，所有在建築物內居住的計畫──歸類為可居住──幾乎可以確定都會受到建築部門的關注，並且要求建築許可。

在地的土地使用分區管制（zoning）也可能不允許加蓋任何尺寸的附屬建築物或分離的建築物。建築法規會對材料及工法有所規定，藉以符合建築安全與性能要求；土地使用分區管制則明確指出建築的容許用途（use），同時有最小限度的規定，例如基地尺寸（lot size）、道路退縮（road frontage）、甚至是座向（orientation）跟外觀（appearance）等等。

建築部門有可能是你最好的朋友、也可能是你最糟

花費數千美元買進這種小型帶鋸機，就可以輕鬆生產構架所需的所有大木、以及樓版、鑲版、和外覆層所需要的版材。你也可以租借一台可攜式鋸台到基地上使用。

的敵人。你可以多去認識有關人士，讓他們看看你的設計方案、說明你想利用自然材料來施作大木構架，從這些交流中去釐清哪些事情可以執行。最好的情況是他們告訴你可以放手去做，並且無須擔心建築許可；最差的情況則是要求你要委託結構技師（structural engineer）來檢視並簽證圖面，而且可能要求你要取得大木的分級。在這種情況下，你可以從鋸木廠採購分級的大木（雖然稀少又不常碰到）；或者雇用木材分級專家前來基地，在現場進行大木分級作業。

建築部門也可能會建議（或要求）基礎的類型。以沒有配管的附屬建築物來說，對基礎的要求通常很低。許多美國東北部的監造人員都對大木構造非常熟悉，而且能夠判別大木的固有特

性，並且本能地判斷出構架設計是否充分。這點在郊外地區顯得特別關鍵，因為他們必須跟好幾世代的農夫、倉庫主人、外部的建築基地打交道。不熟悉大木構架的監造人員可能需要工程師或建築師來確認設計是否得宜，而這並不在法規的要求當中。

了解木材分級

建築法規中關於自然木料的規定可能會將未分級的大木歸類為第二級，這也是結構用途木料的最低容許等級。本書案例採用的大木尺寸就是依據這個等級來計算。多數的大木構造商利用區域分級機構在規範書中記載的「特性量測」（measurement of characteristics）方法，自行建立起一套以目測區分的大

木分級機制（即使未經過正式核可）。舉例來說，東部白松這個樹種是由東北木材製造商協會（NeLMA，詳見〈參考資源〉）經手處理。在該協會的網站上可以免費下載其分級手冊，當中說明了如何測量樹節的直徑、樹結和裂縫、木紋斜度，以及其他決定這根木料是等級一或等級二的限制性特性。（NeLMA 的合格分級專家必須參加密集的研習課程，而且僅限於 NeLMA 鋸木廠會員的雇員）。當你需要在美國東北部聘僱分級專家來評定大部分的樹種時，NeLMA 會是你要接洽的機構；其他機構則負責南部及西部的樹種。

本書示範的大木構架位在新英格蘭西南部中度降雪地帶，設計上是以第二級東方白松為材料，此地有每平方英呎 500 磅的積雪載重。不過你面對的地域條件或許會不同。接下來，我們就要來看看如何進行構架的結構規畫，並聚焦在設計上可能需要有所變化的部位，主要是為了因應不同積雪重量的椽條和構面版材尺寸。

是否已經登記？

另一個關於採購大木的忠告：有一些州（例如麻薩諸塞州）的法規允許使用未分級的自然木料，但材料必須是由在州政府辦理登記的工廠所生產。我懷疑這大概只是一種行政工具，用來追蹤誰販賣了什麼（和誰應該繳納稅金），而當地大部分的小工廠都會支付這筆登記規費。在某些地區，使用自家木材的業主可以豁免這些要求；不過任何人都可以進行工廠登記，即便只是使用一把斧頭來處理大木的工作。

大木構架工程須知

任何結構都會有力量的作用，稱為載重（load）。載重的成因有許多，必須適當地加以抵抗來保持直立。這些力量會在結構中傳遞，並透過構件內的應力作用往下傳到地面。應力類型包括：壓力（材料擠壓在一起）、拉力（材料被拉開）、剪力（材料之間相對地滑動），在構件中經常形成複合應力。結構則以三種方式來抵抗這幾股力量：透過堅實的構材（大木）、堅實的接合部（榫接）、和剛性（斜撐或結構性的外覆材）。

斜撐提供抵抗水平載重如風力和地震力的剛性，斜撐愈大愈有效。三角形是一種本質上很穩定的結構，我們從那些古老的大木構架穀倉中就能得知對角斜撐的可行性。不過，建築物中總還有一些「把戲」，端看斜撐榫接的準確性與緊密度來決定。對角線支撐對小型大木構架來說已經足夠，但對於較大規模的建築，工程師會指定結構版材如夾板、定向粒片版（OSB）、或其他結構性絕緣版材（SIP）等，將其固定在構架上做為「剪力牆」（shear wall），以提供額外的穩定性。這樣的做法在加州這樣的地震區實屬必要，對角線大木斜撐則形成冗餘路徑。

當構架承受水平載重時，好比有一陣強風吹襲建築物的其中一面，根據配置的情形，一部分斜撐會出現壓力，另一部分斜撐則出現拉力。由於考量到接合部最好只以受壓力的方式來作用（而且最好不要單獨依賴插銷來抵抗拉力），因此我們期望受壓的斜撐能夠提供側向壓力的抵抗力。又因為我們無法預測水平載重來自哪一側，於是通常都會希望在構架中的每一個構面（縱向及橫向）至少配置相對的兩個斜撐。

你（和監造人員）關切的層面大多是構件尺寸是否合適，特別是水平橫跨的構件。這些構件是樑，是相對於柱子（垂直向構件）和斜撐的構件。那為什麼我們會關心樑的尺寸勝過於柱子或斜撐的尺寸呢？這點與木頭的性質有關。木頭具有異向性（anisotropic），也就是根據力量施加在木頭上的方向不同而有不一樣的行為。這種狀況起因於紋理，或者說

應力的種類

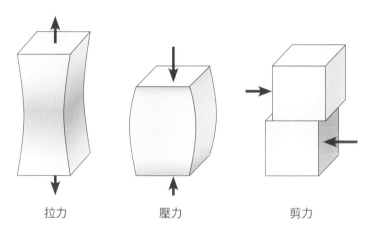

拉力　　　　　壓力　　　　　剪力

承受彎曲載重時的樑

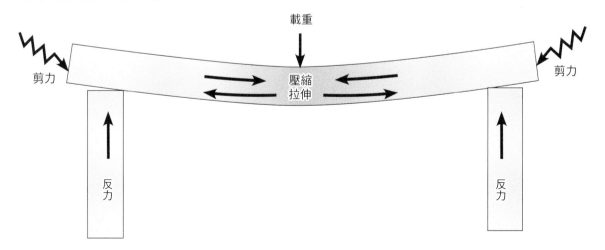

是木質細胞的方向。本質細胞在樹木生長的平行方向比較長；此外，木頭在平行紋理方向上對應力的抵抗能力也優於在垂直紋理方向上抵抗應力的能力。想像一下，握住一支木鉛筆的兩端並嘗試將它拉成兩半（平行於紋理的拉力）——不會成功。同樣地，你也無法對鉛筆的兩端施壓（平行於紋理的壓力）並壓垮它，雖然可能出現挫屈（buckle，但這是另一個問題）。支柱（和斜撐，如果構架會承受水平載重）通常是受壓構件，而且支柱的尺寸通常是 7x7 或更大，主要是為了匹配接頭，不過這已經超越處理壓力載重所需的足夠尺寸。除非柱子特別細長（例如一根長 20"〔50〕

的 4x4 構材），否則挫屈不會是我們在大木構架中需要考慮的因素。在本書示範的核心構架中，承受拉力的主要構材是抵抗屋頂外推力的繫樑（tie beam，詳見 P.81），它位於末端的接合部，會在樑被拉開之前就掉落，因此要採用大木構架中最堅實的一種拉力接頭，即楔形燕尾榫來因應。

當力量以垂直於紋理的方向作用時，例如以樓版格柵支撐著鋼琴、或以椽條載積雪載重，木樑的行為就會改變。當樑將載重向外傳遞到端部的支撐構件時，樑會撓曲變形（deflect），這樣的行為稱為彎曲（bending）。當樑彎曲時，其頂部（承受壓力）會縮短、底部（承受

拉力）會拉長，而木頭纖維的縱向面（承受剪力）則會相互錯動來因應外力的作用。

為了決定這類樑的尺寸——包含地檻、格柵、椽條、桁樑、和繫樑，設計者必須完成下面三個步驟：
1. 計算載重
2. 決定樹種
3. 配合跨距（未受支撐的長度）來挑選大木的尺寸（深度與寬度），並且利用公式或圖表（如果可以取得）來決定中心間距。

先前說過，我已經完成這些工作，以便提供一套適合我們地區使用的構架系統。本書的篇幅未能完整介紹這些結構公式，但我們可以更仔細地查看每一道步驟，確認你所在地區還有哪些不同的條件會對構件尺寸有所影響。

如果有需要的話，你可以根據其他更進一步的研究資料來決定大木尺寸。傑克·索邦的著作《建造經典的大木構架住宅》（Build a Classic Timber-Framed House）中有非常精彩的結構設計範例。如果需要專業人士來協助檢視你的設計，可以透過大木構架工程委員會（Timber Frame Engineering Council）找到結構工程師（詳見書末〈參考資源〉）。

載重

載重包含施力於結構的所有重量，共有四種類型：

靜載重（dead load）是建築材料的重量：大木、樓版、屋頂、隔熱材、乾式牆體……我們採用每平方英呎10磅（psf）的靜載重來決定樑的尺寸，這邊的估計是以一般有樓版、屋頂、壁版等等的做法為前提。舉例來說，如果我們取出樓版或牆體面積並乘以10psf，就可以得出該面積的大約重量。對任何地方來說，這個psf數值都是很好的平均數；建築材料的重量不會因地而異（至少在這個星球上不會）。不過，如果你希望在樓版格柵上澆置4"（10）厚的混凝土（150psf）、或在橡條上鋪設12"（15）厚的泥土（120psf）來打造生態屋頂，就需要重新決定構架的構材尺寸，以承載這些額外的重量。工程師會利用註記材料重量的表格來加總不同構造層，藉此得出正確的重量數字。

活載重（live load）是指人員和家具等施加在建築物上的重量。建築法規規定起居區域的活載重為40psf（包含廚房與設備）、睡眠區域為30psf、儲藏區域為20psf。我們採用40psf來設定樓版和樓版格柵的尺寸、用30psf來設定閣樓樓版格柵的尺寸；不過除非你停放了牽引機，不然這個數值對儲藏間來說或許還是嚴苛了一些。另一方面，高達8'（244）

接合部：拉伸與壓縮

關於大木構架接合部（榫接）強度的資料不算太多；儘管已經有實驗測定過大木利用木插銷來進行接合的強度，不過這大多仍仰賴直覺與歷史的傳承。如果你能避免拉力接合——過度依賴插銷來處理應力，並且避免在大木的同樣一個部位施作多個接頭，那麼大部分的載重都可以經由大木之間的大片接觸面，而不是經由接頭內的插銷、或該凸榫頭或榫眼來傳遞。

我們的構架設計裡有這樣一個案例，構架中唯一的拉力接合部是樑上的楔形燕尾榫，而且插銷在此處的作用很小。事實上，插銷在這裡的主要功用是將接頭拉在一起，讓接頭在組立時能夠聚攏，像彈簧一樣地作用（透過「拉孔」），進一步使接合部位在構架乾縮時維持緊密結合。你可以在組立完成後將這些插銷從構架中移除，構架不會因此倒塌。不過有需要這麼做嗎？事實上，這些插銷可以吊掛很多東西，不應該被切除剷平，除非插銷會跑到外部、或是構成危險。

的橡木生材柴火堆重量則會超過 300psf。

積雪載重（snow load）是最可能因為區域不同而變動的數字。我們將椽條的尺寸設定為能夠承載 50psf 的雪量（這是西麻薩諸塞州的標準）。相比之下，這個數值在鱈魚角（Cape Cod）會是 25psf；落磯山脈的積雪載重則可能超過 200psf，因此你必須諮詢當地的建築部門、或是透過網路搜尋特定地區的積雪載重。上述是「地面」或平屋頂的積雪載重；其他還有根據屋頂斜度、風吹雪與滑動、以及更多其他因素所做的調整，不過這些因素不應該影響這裡所示範的設計。

風載重（wind load）的變化很大，但是在大部分設有良好支撐的地點，風載重不太是受人關注的議題。一旦建築物被包覆起來，複合的靜載重大概就會超過施加在迎風面牆體與屋頂上的水平載重，這種情況在木構造建築物更為明顯。在海邊這樣的高風速地區可能出現例外，因此把結構牢牢地錨定在基礎上就變得非常重要；而關於這點，你可以諮詢當地的建商或建築管理部門。亭子、涼亭（或者你那還未裝上門窗的構架）這些屋頂封閉但牆體開放的結構，在風速很強的時候可能會承受很大的上抬力（uplift）。

書中案例的設計假設載重均等分布，沒有特別重的載重集中加載於跨距的中央。遇到這種情況或其他情況（例如懸臂樑），會需要不同的計算公式。如果你需要確認這些特殊情況下的樑尺寸，請向專業的設計人員諮詢。

結構上的載重

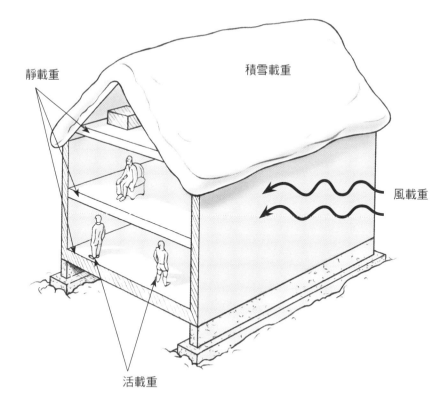

靜載重　積雪載重　風載重　活載重

樹種

不同樹種有不同的強度特性，不過幾乎任何一種木頭都可以用來製作大木構架。木頭的強度是透過設計數值來表現，許多資料的發布來源是經由試驗所得的數據，用以計算並決定樑的尺寸。如先前所說，我們設計的大木構架是採用第 2 級的東部白松（EWP）；可以等同於其他樹種如雲杉、赤松及冷杉。EWP 相對脆弱（雖然柏木還要再弱一些），你可以在構架中使用更堅實的木頭來替代，例如最硬的樹種鐵杉，或者大部分的西部軟木（例如花旗松），這樣就不需要改變尺寸。我們選擇 EWP 的原因是看中它許多與眾不同的迷人特質：它的收縮率在所有樹種中最小（除了柏樹以外）；它很輕、也很容易以手工具來施工；而且，在我們所在區域內，大尺寸與長度足夠的材料供應量非常充足。

以下是我們在決定樑尺寸時所看重的三個主要設計數值：

· **承受彎曲時的纖維應力**，或稱為 Fb，是該樹種的強度指標。第 2 級 2EWP 的 Fb 值

東部白松是我們在大木構架中喜愛使用的木種之一。它很輕、容易徒手或以機械工具加工，大尺寸的原木很充足，而且幾乎可說是所有木頭中收縮率最小的樹種。

是 575psi。

· **平行於紋理的剪力**，或稱為 Fv，讓我們知道（舉例來說）在樓版格柵端部可以施作凹槽的程度，第 2 級 EWP 的 Fv 值是 125psi。

· **彈性模數**，或稱為 E，藉此得知該樹種的硬度。它主宰樓版格柵的設計，使樓版不會反彈；椽條則較不看重這項數值。這個數值在第 2 級 EWP 的 E 值是 900,000psi。

注意：只要載重相同或較低，任何有同等（或者更高）設計數值的樹種都可以在本書的構架設計中用來替代原木的樹種，而不必變更尺寸（關

於設計數值的比較請詳見 P. 176）。

決定樑的尺寸

一旦我們決定了載重和預計使用的樹種之後，將這些數字，連同大木的實際橫斷面尺寸（例如 7"x9"）、大木的跨距（未受支撐的長度）、大木及其兩側共同分攤同等載重的相近大木間距，將這些數字通通放進方程式中計算。樓版中央的格柵會比末端格柵承受更大的載重，因此我們會以最糟、且承載最大載重的狀況來決定構材尺寸。

採購與儲放大木

有了大木構材清單（也稱為材料尺寸 sacntling）之後，你就可以開始採購需要的大木。最好能在冬天砍伐並鋸切樹木；圓木在雪地上拖拉沾染到的塵土會比較少。此外，EWP 及其他樹種容易因為一種無害的真菌而長出藍色的色斑；這種色斑是在春天時節，當樹液開始在邊材內流動而生成的現象。不過這只是一種外觀上的缺陷，並不影響木頭的結構性。

木材廠商會以稍微比標稱長度長（6" 到 8"〔15 到 20〕）的尺寸來砍伐樹木，增量通常是 2'（60。例如 8'、10'、12'〔240、300、360〕）。在施作接合部時，這個增量就是你可以變化花樣的空間。儘管不影響大木的分級，你也許還是會想避開樹節或其他不利於製作接頭的缺陷。如果你擔心大木的品質，那麼訂購的長度要比所需長度再多 2'（60），藉此確保在配置時有更彈性的處理方法。換句話說，如果你需要 12'（366）的大木，那就訂購 14'（427）長的材料。大多數的鋸木廠可以裁切大木長度到 16'（488），

儲存大木

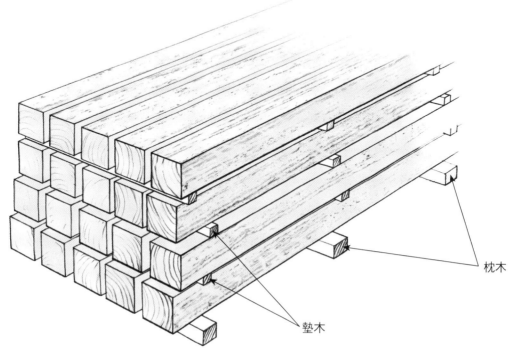

利用 1"（2.5）的墊木來分隔大木堆放的層次；枕木則用來將大木與地面隔開一段距離。

枕木

墊木

但如果還需要更長，那麼價格就會上揚；而且部分鋸木廠遇到超過 24'（732）長的尺寸時，處理起來會有困難。西麻薩諸塞州找得到可以處理長達 40'（1220）木材的鋸木廠。如果使用移動式鋸木機，裁切長度就只會受到工作台面展開長度的限制、或需要廠商多花點的巧思而已。

大型的大木（大於 5x5）應該要指定使用芯材，也就是木髓或樹心是完全包含在大木當中的材料，這樣有助於降低材料的撓曲與乾裂情形（起因於乾燥過程中的開裂）。鋸木廠從圓木中心取出大型大木，再從外部（或斜切角料）切出較小型的大木和版材。許多西部樹種如花旗松，甚至可以切出最大型的「無芯材」（Free of Heart Center）大木，又稱為 FOHC，而且可以相當程度地避開任何乾裂，因為乾裂是從木髓生成而延伸到最接近的表面。不過，在我們美洲東北部並沒有生長太多足夠取出 FOHC 的巨木。

一旦訂購的大木送達，就要開始堆疊作業，讓每一根木材的周圍都得到足夠通風。堆疊方法是放置枕木（sleeper）──4x4 或 6x6 的大木──以 4'（122）的間距鋪在平地。接著，將深度相近的大木堆疊成層，除了彼此相隔 1"（2.5），還要利用 1"版材或墊木將每一層隔開。你可以從鋸木廠額外訂購一些低等級的大木做為枕木使用，他們也許會給你一些角料；你也可以自行在鋸台上鋸一些釘版條來替代。使用蠟筆或麥克筆在端部木紋上標出大木的尺寸和長度。將大木堆覆蓋好（金屬浪版的效果較佳），記得要讓末端保持開放以利通風。

當你需要放樣和切割時，想一想該如何深入大木堆中將木材拉出使用。專業木材廠有堆高機；而你除了推車或朋友之外，可能沒有其他任何工具。大致來說，最有效率的工作方式是同時處理屬性相近的大木，待支撐構件全部到位之後，再依序處理樓版格柵、椽條等等。直角基準法則（square rule technique）的最大優勢在於你可以單獨處理每一根構件，接下來將在第 3 章詳細說明。

應該多買一些大木嗎？

一般來說，多訂購一些大木是好事。雖然一間良好的鋸木廠不會拒絕你向他們退換不合格的商品，但萬一處理不當、或材料出現不能接受的缺陷時，備用材料就馬上可以遞補。你也可以訂購額外的斜撐、樓版格柵、和椽條構件，因為這些構件尺寸較小又相對便宜。如果你認為在必要時你有能力自行將材料切割到較小尺寸，就可以多訂一、兩根最長而且大型的大木來備用，也思考如果到時候派不上用場還可以利用它來做些什麼。如果你已經進行了好幾次構架鋸切作業，通常都會累積一些庫存，因此之後每座構架只需要訂購剛好需要的木材即可。

3 / 放樣系統

放樣描述的是接頭定位和標記的過程，作用是將構架中的木材連接起來。框架構架採用規格木料，放樣過程很直接，因為所有木料都刨削成一致的尺寸。相較之下，大木構架採用的是鋸木廠供應的未加工材料，木材的尺寸和方整度存有一定程度的差異，因此放樣的關鍵在於思考這些變異性，藉以構成具有理想外部尺寸的結構，呈現垂直、水平、平整的樣態；所有的工作面都要齊平而足以承接樓版、壁版和屋頂的程度。

放樣的基本認識

結構的表面和外部尺寸稱為參考平面（reference plane），這幾面的尺寸經過丈量，會標示在平面圖上。外牆的外部、以及樓版格柵和椽條的頂部都是參考平面。構架中大部分的大木在參考平面中都有一、兩道參考面。以角柱為例，其兩道相鄰的外部面都是參考面，因為這兩者各自位在某一道外牆的參考平面內（大木的中心線也可以做為參考平面，因為像是結構內部的圓柱因為本身造型關係並不具備平面）。內部的柱樑不會在建築物外部構成平面，因此必須採取一些因應做法來決定其參考平面。傳統上，參考平面必須是一個方向指向點（好比指向北邊）、或面向最靠近外側跨架的構件側邊、或朝向中央走道的側邊、又或者是構件的中心線。

大致看來，現今的大木構架有四種放樣系統：直角基準法則、劃線法則、套圖、以及鋸木廠法則（「法則」在這裡的是指丈量系統，而不是法律條文）。本書將聚焦介紹直角基準法則，不過我們仍會先依序討論每一個系統，看看個別法則是如何丈量構材的整體長度，也就是放樣的第一步。這個步驟在你把大木從堆架上搬下來之前，就可以先在工作台或工作凳上進行。

看看下面這張（由地檻樓版格柵組成的）12'x16'（366x488）小型構架的平面圖，尺寸標示在地檻的外部（參考）面；因為我們希望樓版可以平放，另一道參考面則是樓版系統的頂部（視基礎系統的情況，地檻底部

樓版平面圖

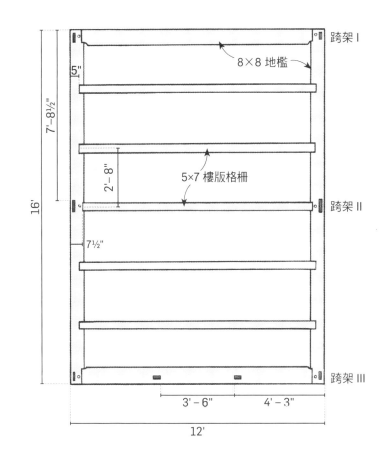

可能需要因應不規則的情形加以填縫處理）。

接著要思考的是帶有榫頭的短地檻，以及鑿出榫眼的長地檻長度。由於長地檻的端部會裁切到跟外部尺寸一致，因此長度很容易計算出來：16'（488）。由於短地檻的榫頭要插入長地檻之中，榫肩將抵住長地檻的內側，因此榫頭構件的肩到肩長度就非常關鍵，且最終將決定整體建築物的尺寸。我們此時（還）不太關注榫頭長度；榫頭可以稍微短一點，而且不影響整體的結構尺寸。

鋸木廠法則

在鋸木廠法則（mill rule）中，大木要刨出四面尺寸一致的完美矩形斷面。舉例來說，所謂的 8x8 構材其實是以 8-1/8 x 7-3/4" 的尺寸從鋸木廠出廠，再刨至完美的 7-1/2 x 7-1/2"。這項刨除工作又稱為定尺（sizing），無法

以手工有效率的施作，移動式電動鉋木機甚至也很難處理，因此通常要從設有大木定尺機的鋸木廠採購大木，或將大木運送至類似的鋸木廠進行刨除。許多具有規模的大木構架工坊自行備有定尺機，加上因為這種放樣系統的單純性因而加以採用；但對於附近沒有定尺機工廠的建造者來說，這種系統並不是經濟的選擇。

以本書示範的構架來說，假使採用鋸木廠法則，短地檻的肩到肩長度是（建築物寬度）12'（366）扣除 15"（38〔7-1/2" x 2，兩根長地檻實際結合的寬度〕），即 10'9"（328）。然後我們會加上榫頭的長度。在此要強調一點：肩到肩長度控制著整體建築物的尺寸。但如果我們為了滿足大木的整體長度而加長榫頭，就犯了數學上的錯誤，並將引發後續問題；相反地，我們可以使用捲尺在大木定位肩到肩長度，並

確認有足夠長度可以製作 3-、4-、或 5- 英吋的榫頭，不管長度多少。由於採用鋸木廠法則取得的大木尺寸一致，因此大木材料如果理論上的長度相等，不論原本是用在樓版格柵、斜撐、或椽條，都可以相互替換。

套圖

採用套圖（mapping）方法時，我們接受大木的寬度有所不同，並將藉由調整大木接合部的長度來因應（記住，大木並未刨成一致尺寸）。舉例來說，如果某一根長地檻在接合短地檻的端部是 7-3/4"（19），而與這根短地檻在另一端接合的長地檻是 8-1/8"（20.6），那麼短地檻的肩到肩長度會是 12'（366）扣除 7-3/4"（19）、再扣除 8-1/8"（20.6），即 10'8-1/8"（325）。由於長地檻從其中一端到另一端在寬度上可能有變化，而且另一根短地檻的長度也可能不同，因此利用套圖放樣的構架，相似的構件之間不能夠替換使用。

套圖有時候又稱為「距離的繪製」，因為劃線法則（於下一節說明）是直接將

大木作業提示

最好能找到你所在區域裡有提供其他重木構架的優質鋸木廠，必且在你雇用他們之前，先對方的到工廠去測量產品的平整度。好的鋸木廠可以持續供應方整度差異值在 1/16"（0.15）以內、以及標稱尺寸差異在 1/8"（0.3）以內的大木。

差異部分從某一根大木轉換到它上方或下方的搭配構件。在套圖過程中，你會重複同樣的作業，但不是直接轉換，而是會不斷測到差異之處，並且將這些差異（存在你腦海中或筆記本裡）延續到匹配的構件上。套圖非常麻煩，其過程對要建造一整座構架來說會令人非常困惑。不過知道這個做法還是滿有用的，因為如果出了什麼差錯，你可以藉此彌補組合構件的放樣工作。

由於鋸木廠法則不需要進行差異處的補償，且套圖只（被我們）用於緊急情況，因此我們並不把套圖視為像劃線法則和直角基準法則那樣真正的放樣「系統」。

劃線法則

劃線法則（scrib rule）最常應用在非常不規則的大木及圓木上：圓的、扭曲的、弓形、分叉的樹形——任何你無法用直角規量測的材料。採用劃線法則時，上述所有不規則的情況都會變得很容易處理，就好像在處理方正的木材一樣。

這個系統的做法，是平放好一根根未經裁切的大木，依據它們在構架的最後組裝位置，在地板的圖紙上將構材以一根搭一根的方式排列。整個組裝過程會小心地往上疊，並且以垂直面和水平面為統一的參考平面，再利用繫於繩上的鉛錘、分度儀、或其他工具作做為輔助，手眼並用地將接合部位的不規則情形從某一根構材轉換到另　根構材上。除了用來放樣的最初始平面圖之外，不需要量測任何數值。事實上，劃線的確是在識字與算數能力普及之前就發展出來的一套方法。

在我們說明的所有方法中，劃線法則最需要技巧，不過通常也能得到最好的貼合度；即使材料已經很筆直方正，許多大木構架也會採用這套系統。但如此一來，構材之間不能互換，放樣工作需要在較大的工坊空間或者工作區域進行。而且還必須將所有構材都放置在組裝位置上，以利全盤考量，木材的處理作業也較為繁重。

以本書主要案例來說，地檻需要確實以 12'（366）為間距、平行放置兩根長地檻（間距要從構材的外邊量起），再將短地檻放在長地檻上方，確認整組構材呈水平之後，以目視方式來轉換榫接斷面，不需要計算肩到肩長度。劃線法則的放樣程序需要一本專書的篇幅才能完整說明，可惜的是，除了本書〈參考資源〉提及的一些訊息之外，關於這種法則的文字論述非常有限。

直角基準法則

我們選擇以直角基準法則（square rule）來放樣，是基於它的許多優點和適合工藝新手的考量。直角基準法則很容易學習、不需要很大的工作空間（每根構材都可以單獨處理），而且相近的構材可以替換使用。直角基準法則發展於早期的美洲，因為建造者在該地能夠取得大型樹木、伐出合理的角料而不需要擔心浪費（在歐洲只能取得比小幹徑、彎曲的木材，每吋材料都很寶貴，所以劃線法則直到現在仍受到當地的歡迎）。

如果大木的表面平直方正而足以做為參考點，直角基準法則就會假設裡面藏有一根尺度比較小的理想材。**這根理想材經常能夠做為外圍較大型大木的兩道參考面；**

在優良鋸木廠供應的大木上，通常可以找到至少兩道相鄰的方整面，而與之相對的榫接面（非參考面）就可以依據內部理想材的內面來放樣，這是透過縮減尺寸來達成的。由於是以參考面為基準（如果是弓形大木，則依據平行於參考面的粉筆劃記），以一致的距離來縮減尺寸，深度可能會因為實際大木與內部理想材（perfect-timber-within）之間的差距而有所不同。**有時候未經處理的大木可能會非常不平整，以致於無法做為內部理想材的任何一道參考面；在這種情況下，就必須將中心線或其他參考平面垂直放樣到大木的兩端，再用粉筆將全長連接起來。**

後續我們會再詳述接合部的放樣，現在讓我們回過頭來思考短地檻的長度。依據直角基準法則，我們會在大木送達的當下就要檢查看看實品與標稱尺寸之間究竟有多大的落差。如果實際尺寸落在標稱尺寸1/4"（0.6）左右的誤差範圍內，就可以認定內部理想材只會比標稱尺寸小1/2"（1.3）；但如果落差超過1/2"（例如有些標稱8"〔20.3〕的大木實際只

有7-3/8"〔18.7〕），你可能就要以小於標稱尺寸1"（2.5）的狀況來認定內部理想材，並記住下次要換另一家鋸木廠來採購。以1/2"為基準，縮短長地檻的兩端接合部位，使其長度成為7-1/2"（19），於是短地檻的肩到肩長度就等於12'（366）減掉15"（38），即10'9"（328）。我們也會在建築物的另一端

做同樣的處理，使兩根短地檻的長度達到一致（而且可以互換，只是仍存有差異，例如門柱的榫眼只設置在特定的地檻上，而非其他位置）。

下圖的標題是直角基準法則削減。如圖，當你放樣長地檻時，你會在長地檻的內側面（非參考面）標出凹槽（一個淺凹造型，用以承

直角基準法則縮減

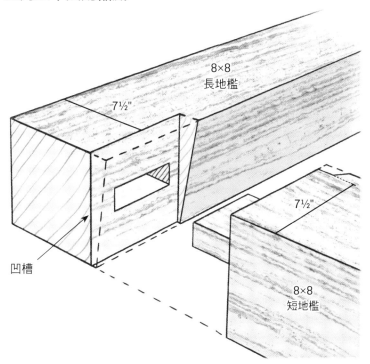

凹槽放樣在距離長地檻外部參考面7-1/2"（19）的位置。對一根不方正的大木來說，縮減的做法是為了把「藏在內部的理想材」的材面給暴露出來。要製作榫頭的地檻寬度也要縮減至7-1/2"，並且稍微往肩部內縮一段小距離，接合構件才能齊平。

接對接的大木端部），距離外部（參考）面 7-1/2"（19），而沿著木料設置的凹槽長度也會是 7-1/2"。當你裁切要接合（帶有榫頭的）短地檻時，你會將短地檻的寬度減至 7-1/2"，並且稍微往肩部內縮一點，藉此確保長地檻的寬度不會減少。你不需要去看、或去量測接合構件，就可以放樣或切割接合部。

總結來說，傳統直角基準法則的接合部位會放樣在平行於參考、面且距離參考面同等距離的位置。因此，參考面會彼此齊平；甚至內部斜撐也會與其支柱、樑的某一邊齊平，而不是對齊中心線，加上在大部分構件中都製作了凹槽，這個特徵使得直角基準法則有別於其他放樣系統。直角基準法則的優點在於構材可以互相替換、接合部可以在不涉及接合構件（也許根本還沒砍伐下來）的情況下施作；缺點則是為了取得尺寸比較小的內部理想材而需要進行額外的縮減作業，包括製作凹槽和縮減榫頭構件。

本書將透過一系列的程序來聚焦直角基準法則的具體做法。當你開始練習放樣並熟悉這套系統之後，它就

典型的直角基準法則放樣方法

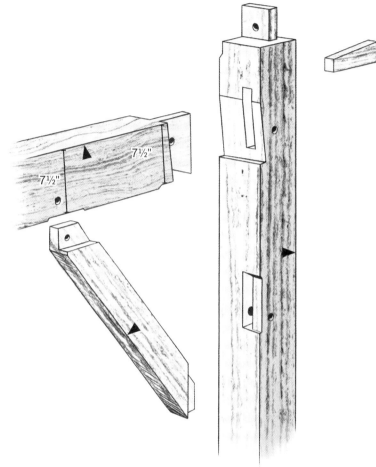

在直角基準法則中，所有接合部都會放樣在平行於參考面、且距離參考面同等距離的位置。因此參考面會彼此對齊，最後呈現的內部斜撐也會跟支柱的其中一面齊平，而非對齊中心線。圖中黑色箭頭所指的稜線（詳見 P.54）是兩道參考面共有的邊界。

會變得直覺、不那麼神祕了。進入構架細節並釐清這套系統之後，我們會再深入說明放樣的重點。你的最終目標是建造出一座垂直、水平、方整又平直的構架。你可以用粉筆線在彎曲的大木上標出平直的面，用水準儀來測量垂直和水平程度，直角規可以靠在參考面上繞著構材來轉換點和平面。儘管這一切都得來自嫻熟的經驗，不過這是成為一位優秀建造者的基礎技能。本書的示範會幫助你達成這個目標。

4 / 工具介紹

大木構架工具可以用成對的方式來分組：放樣工具和裁切工具；手工具和
電動工具；木工具包含通常在地方五金行可以買到的木工具、需要訂購的
工具、甚至自己製作的專門木構架工具。某種程度來說，要買怎樣的工具
取決於你計畫要建造多少座構架、以及是不是要成為一位專業者。不過對
於取得工具程度的拿捏，我有兩個建議：在能負擔的範圍內購買最好的工
具，以及有需要用到時再購買工具。好工具不只耐用，通常也比品質較差
的工具有更精確作業成果且較高的再售價值，使用起來也得心應手許多。

放樣工具

放樣工具可以進一步再分成丈量工具和標記工具，除了可以在劃線和基地放樣時使用的雷射水準儀之外，其餘都是手工具（非電動工具）。

丈量工具

捲尺：依據大木長度使用16- 或25- 英呎的標準捲尺；50- 或 100- 英呎的捲尺則是在立起構架之前的作業成果地面組裝階段，對丈量對角線很有幫助。如果你只想要一把捲尺，那就選用 25- 英呎的規格。如果你是獨立進行大木作業，選擇尺帶較寬（1"〔2.5〕）的捲尺比較容易勾住大木的端部。用捲尺丈量長度，並沿著大木定位接合位置；碰到需要放樣個別的接合部時，就將捲尺放一邊而改用不會彎曲的工具（例如角尺），以獲得較正確的尺寸。

直角規：這種古老工具的現代版有著 16- 和 24- 英的兩臂，分別是 1-1/2"（3.8）寬（「尺舌」）和 2"（5）寬（「尺葉」或「尺身」），兩臂相交的外角就是「尺肘」。不約而同的是，本書示範構架的榫眼寬度與榫頭厚度都是 1-1/2"，放樣的位置也距離參考面 1-1/2"（榫

直角規

捲尺

複合式尺規

頭通常是大木厚度的 1/4，因此如果我們使用 8"（20.3）的大木，會採用 2"（3.8）的榫頭；使用 12"（30.5）的大木則採用 3"（7.6）榫頭，以此類推）。這使直角規非常有利於放樣榫接部位，而這確實也是它在 18 世紀大木構架全盛時期發明問世的主要目的。

直角規也被用來確認大木的方整度與扭曲度（如果有扭曲情形），以及用來轉換大木上的記號和線條，有時候也會併用其他工具。如果大木不方整，直角規就成為尋找參考平面的必要工具。這枝 1-1/2"（3.8）寬的尺舌讓確認榫眼和插銷孔（木樁或木釘）尺寸的放樣工作變得很容易，因為榫孔和插銷孔幾乎都與肩部距離 1-1/2 或 2"（3.8 或 5）。

複合式尺規：這種工具已經不再受到現代從事框架構架的木工所青睞，他們主要利用超級三角尺（speed square）搭配圓鋸來進行裁切，因為他們只需要將木料鋸成方形，不需要使用多功能的複合式尺規。複合工具上的可滑動尺葉可以用來確認榫眼的側邊深度和方整度（這個步驟如果沒有滑動式

尺葉或第二支直角規的話，便無法做到），此外也能確認榫頭的頰面是否平行於參考面，以及能夠從參考邊往內一段固定距離來劃設平行線。複合式尺規還可以放在大木表面，幫助電鑽鑽頭與表面保持垂直。

一把良好的複合尺規畢竟還是十分精密的，如果掉落太多次就會損壞，這也是我們更常在商店、而不是工區現場見到它的原因之一。如果你從祖父那兒獲得一把老舊的複合尺規，（必要的話）你可以把握柄上的可動式尺身拆卸下來，並且剉掉原本讓尺身跨在上方的凸脊，讓複合尺規回復成一般的尺規。螺旋鑽剉刀的大小剛好與尺身的溝槽相符。

專業放樣工具：在直角基準法則的放樣方法中，還有一種特別為邊緣參考而設計的特殊工具：以機械工程師、也是大木構架研習者 Al Borneman 來命名的 Borneman 放樣版。這種工具（詳見次

頁圖）有一面可以跨在大木邊緣的柵板，而且設計了以 1/2"（1.3）為漸次增量的溝槽來協助劃出跟邊緣有特定距離的平行線。這種工具目前可以透過大木構架協會（Timber Frame Guild）取得（詳見書末〈參考資源〉）；不過如果只要興建一、兩座構架，你可以使用品質良好的夾板自行製作，或使用直角規與複合尺規就好。

要注意的是，使用這種工具的前提是大木要有筆直的外觀、有兩道相鄰且相互垂直的參考面。如果不符合這個前提，你需要先抓出墨線（chalk line），並以這條線做為尺規（或 Borneman 放樣版）的參照基準。依據墨線來放樣榫眼和榫頭時，可以先利用直角規劃出刻痕，中心線對齊尺葉的底端（以劃設 2" 的榫眼）和尺舌（1-1/2"），並且在尺肘上的對側點（分別畫下 1"〔2.5〕及 3/4"〔19〕的記號）。如果這些刻痕代表接合部的中心

線，就可以再用來定位墨線；又或者如果刻痕代表的是接頭的邊緣，你就可以把直角規的邊緣抵在這條線上。

在斜撐和椽條上進行斜角裁切部位的放樣時，你也可以使用夾板或硬紙板來製作模版，只要記得握好模版並對齊參考平面就好。模版通常跟直角規一樣容易使用，等你開始放樣大木之後就會知道了。

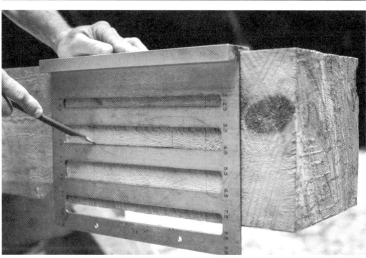

Borneman 放樣版的其中一側柵板厚度多了 1/2"，你可以選擇以整數增量（2、3、4" 等）來放樣，或者翻過來以移動溝槽的方式來處理半英吋的增量。

大木作業提示

購買你負擔得起的最佳工具，但記得在需要的時候才購買。

標示工具

墨線：這是在一般木作工作中大量使用的工具，對大木構架尤其有幫助，它用來標示在彎曲或圓形大木上的參考平面。為了有劃出較細的墨線，你可以使用編織繩（釣魚線）來替換大多數墨線盒內附的粗纏線。紅色、黃色和其他顏色會永久留存，所以只能在大木上使用藍線或白線。

木工鉛筆：鉛筆上的厚鉛筆芯讓你能夠在未經加工的大木上做記號而不斷掉。你應當把筆芯削成扁平的楔形，才可以用它來描繪細線或粗線。或者，你也可以將鉛筆的寬邊削到跟筆芯齊平，這樣筆芯就能與放樣工具緊密貼合。

白粉筆：傳統的「木工粉筆」長得像是蛋糕的造型，不過現在很難再看到；學校教室裡的那種粉筆就可以了。白粉筆可以用來標示大木的參考面和稜線（兩個相鄰參考面的共同邊），還有大木要放入構架中的編號。你還可以用「頂部」、「底部」、「東側」、「北側」等字眼來標示這幾個面，幫助辨識大木在鋸木架上的方

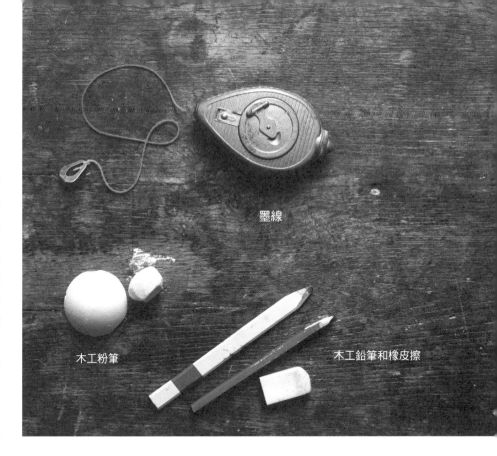

墨線

木工粉筆

木工鉛筆和橡皮擦

大木作業提示

只有要切除的部位才以實線標記，其他尺寸輕輕勾記就好。如果標記在看得見的表面，稍後也許就要擦掉，所以實線較難清除。更糟的情況是，你可能因為木材表面有太多實線而裁錯。因此，除了木料端部或是在要切除的部分之外，不要使用墨水、油性麥克筆、或者蠟筆來標記。

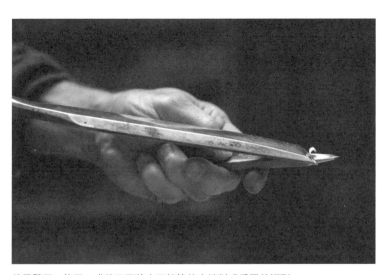

使用鑿刀、鉋刀、或美工刀將木工鉛筆的末端削成扁平的楔形。

向。粉筆很容易洗掉，這大概算是一個優點。你會在裁切端用鑿刀或麥克筆（在木料端部）來劃下永久的標記。

橡皮擦：如果你出了一點小差錯，（火星這類品牌的）白色橡皮擦應該是將木頭上鉛筆筆跡擦掉的最佳工具。如果你打算磨平表面，應該使用鉋刀、刮刀、或是幅鉋；但如果要保持粗糙面的話，你需要鑿毛已經刨平的區域，讓它的質感看起來跟大木的其他部分一樣：做法是在刨平區域橫放一把小型鋸刀，然後彎折鋸刀，讓鋸齒來回拖拉幾次。鋼刷或曲銼（riffler rasp）也可以完成到達同樣的目的。

其他放樣工具

在放樣工作中，大木的處理是很重要的考量：你會希望減少需要舉起和搬運重物的數量，並且確保大木在放樣和鋸切時位在人員可以舒適工作的高度。

大木推車：如果你善於規劃工作流程，也幸運地擁有一大片工作區域，那就可以依照實際作業需要的順序來堆疊木材，方便後續舉起木材直接放到木材堆旁邊的工作站。不過在現實狀況中，你可能會在鋸切之前先放樣一批大木，以減少放在腳邊的工具數量。此外，大木的儲存、放樣、與鋸切區域之間可能都會有一段距離。這時候，推車就能協助你獨自搬運本書主要構架當中的最大型構件。你可以手工製作一輛推車；一組輪子加上能夠安裝到木框架上的輪軸，通常會加上秤錘或額外的設計，讓它在不搬運時也能站立。

滾輪：有助於從木材堆中取出大木，將大木載到卡車或是拖車上，並在建築基地附近搬動。

圖中的推車與滾輪使獨立搬移木材變得相對容易；這輛推車是以 500 磅（約 227 公斤）的承重量來打造。對重力法則、槓桿與支點原理的認識和應用也很有幫助，可以避免一次就要抬起整根大木的問題。

製作鋸木架

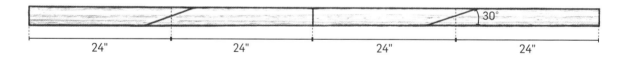

以 8'（244）長的 2x4 木料來製作支撐腳，並以 30 度角切割出末端斜角

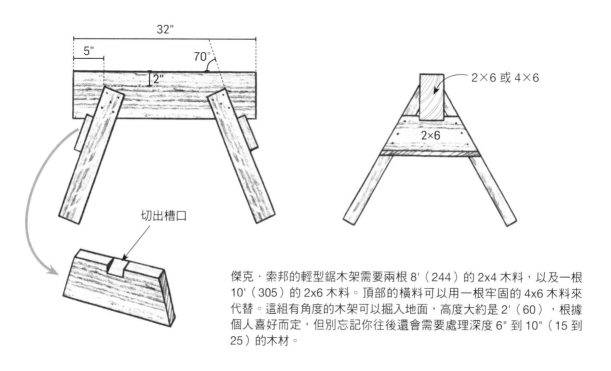

切出槽口

傑克·索邦的輕型鋸木架需要兩根 8'（244）的 2x4 木料，以及一根 10'（305）的 2x6 木料。頂部的橫料可以用一根牢固的 4x6 木料來代替。這組有角度的木架可以掘入地面，高度大約是 2'（60），根據個人喜好而定，但別忘記你往後還會需要處理深度 6" 到 10"（15 到 25）的木材。

鋸木架：以大木構架來說，鋸木架（sawhorse）的高度應該要比一般鋸木架要矮一點（離地 24" 到 28"，〔60 到 70〕），一來因為大木的斷面較深，二來你也可能因為使用工具的不同而需要爬到大木上面施作榫眼，當然這都要視你的身高而定。確保鋸木架能夠負重，且寬度允許你在上面來回滾動 8x10 大木。如果你要在粗糙的地面工作，例如碎石車道或草地上，鋸木架就要能向外拉開成斜腳，而且末端造型要以直角掘入地面。如果你是在木平台或混凝土平台上工作，則要將鋸木架的腳架底部切平（平行於地面），使其具備更好的承重力和抓地力。

裁切工具

現在你必須決定：你可以負擔什麼工具、想要花多少時間建造、還有你打算興建幾座構架等等問題。電動工具可以加快裁切程序，但不一定比較正確或安全；而且一定比較吵，通常更為昂貴，還需要電源。傳統大木構架可以利用一把斧頭、一把鋸子、一把鑿刀、一把木槌和一根鑽子或榫眼鑿刀來完成。讓我們來看一下現代工匠所使用的其他合理選擇：

鋸子：裁切大型木材的端部時，需要一把不同於用在接合部的鋸子。西式的橫切手工鋸（鋸齒是 8 點或更粗）可以用在大木的裁切。大把、具侵略性的日式手工鋸也可以用來處理相同工作。端部可能是適合使用電動工具的位置。一把好用的鏈鋸握在操作技巧良好的人手上，可以鋸出非常精準的成果，至少這對將被隱藏起來的端部（例如榫頭或地檻端部）來說已經足夠。可攜式圓鋸的刀片直徑比較大，有 10"、14"、16"（24、36、40）、甚至是 24"（60）的規格。小一點如 7-1/2"（〔19〕最為普遍）或 8"（20）的圓

鋸在各方面都足以應付木材的肩部的鋸切工作，也可以用來製作榫頭和凹槽的粗胚。將深度設定的比需求深度稍淺一點，並且劃出好幾道垂直於木紋的切口（用刀片留下的凹槽），要能夠輕易地清除其中的木屑。另外還有鏈鋸配件能夠搭配慢速驅動的圓鋸一起使用。如果你已經擁有一把 7-1/4"（18）的鋸子，我建議你在工具組裡添購一把 10" 的鋸子；如果你只打算買一把鋸子，那就選擇 8" 的規格。

對於需要比較淺又精確

圓鋸

的榫接裁切，我傾向使用鋸齒較細的日式鋸刀（鋸齒 18 點或更細）。這種鋸齒的切割作用落在後拉的方向上，所以刀片可以做的比較薄。

手工鋸要不是帶有縱切鋸齒、要不就是橫切的鋸齒：縱割鋸有鋒利的直齒，適合順著木紋切割，而橫切齒則是間隔磨成的斜面，最適合用在垂直於木紋方向的切割（鋸切程序會在第 5 章說明）。你應該會想同時擁有這兩種鋸子，不過在五金行裡已經很難找到西式縱割鋸。你可以自己把橫割鋸的鋸齒改造成縱割鋸樣式的紋理，或是找一把日式鋸子；雙面鋸（Ryobastyle）的一邊

縱割鋸

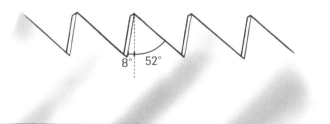

縱割鋸的鋸齒以筆直的方式磨利，形成 60 度角。齒尖往下的垂直線與前齒形成 8 度角，後齒與該垂直線則形成 52 度角。

橫割鋸

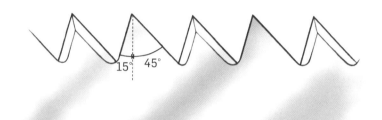

橫割鋸會間隔地磨利鋸齒的斜面，加總起來也是 60 度角。不過前側的角度是 15 度，後側的角度則是 45 度。

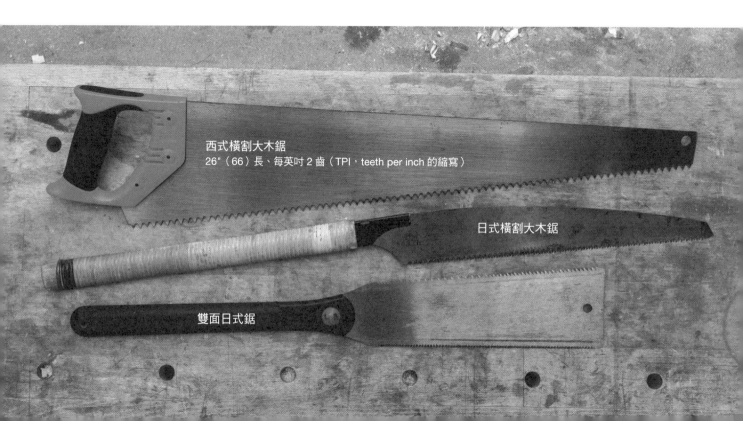

西式橫割大木鋸
26"（66）長、每英吋 2 齒（TPI，teeth per inch 的縮寫）

日式橫割大木鋸

雙面日式鋸

是縱割鋸片，另一邊則是橫割鋸片。

鑿刀：在我們示範的構架中，所有的榫眼和榫頭都是 1-1/2"（3.8）厚，因此你需要擁有一把達到這個寬度的鑿刀。大木構架的鑿刀長又結實；刀身至少要有 7"（18）才能夠深入榫眼之中。雖然接合部的粗胚要利用鋸子和鑽子來處理，但我們會使用鑿刀將接頭修整到最後的尺寸。而這樣的一把鑿刀就是你工具箱裡的主力。

你可以購買全新的鑿刀、或購自二手工具商（詳見書末〈參考資源〉）。在這個工作中，套柄式鑿刀（socket chisel，編按：刀柄本身的末端呈凹入的杯型，讓把手可以插入）比帶有刀根的鑿刀（tang chisel，編按：刀柄末端呈尖狀，可以插入把手）耐用。其他鑿刀類型，例如棒狀和角形鑿刀（slick and corner chisel）都是很有用的工具，但比較難磨利。你可以使用一把 1-1/2"的鑿刀來完成所有工作，不需要多帶其他工具到處走。手工鉋刀（hand plane）可以代替大鑿來整平大片面積，例如榫頭的頰面。磨利刀具是一項必須學會的重要技能，鋒利的工具會讓你的工作變得更加整潔、迅速、輕鬆、安全、也更準確。詳見 P. 177 的磨刀方法提示。

木槌：如果需要鑿除許多材料和鑽入插銷時，會使用一把 2 到 3 磅（約 0.9 到 1.3kg）重的木槌來敲打。建議你準備一把木頭製成的平面木槌（自製），或一把頂部是鐵製而且表面以生皮包覆的槌子。有些建造者喜歡圓柱形的槌子（像雕刻匠的木槌），不過我發現它在敲擊鑿刀時容易滑落，這樣一路施作下來可能導致手腕的問題。不要使用衝擊槌（dead-blow mallet，有射出成形的頭部），因為你會想要感受手中鑿刀開鑿時的動作，但衝擊槌反而會吸收部分衝擊力，進一步改變鑿刀的感覺。大木槌（又稱為杵

大木作業提示

如果你有一間木工坊，或許會想了解如何以現有鋸台、帶鋸、和「切斷」機（chop saw）來裁鋸大木。但記得，你會想要盡量減少對大木的處理工作。在面對大型木料時，通常最好把工具帶到工作現場，而不是採取相反的做法。

手工製作的
3 磅木槌

1-1/2" 套柄式的大木構架鑿刀

3 磅重的木槌
槌面使用生皮包覆

或重槌）是一把重約 10 到 20 磅（約 4.5 到 9kg）的大型木槌，在組立時用來敲擊大木，使其結合。你可以自行製作大木槌，取用大木端部，並且鎖上用樹枝製成的長把手；或者買一把衝擊槌來施作這個部分。

鉋刀：鉋刀的種類不勝枚舉，不過對大木構架建造者最有用的是去除大木和榫頭邊角、甚至可以用來削尖鉛筆的阻擋鉋（block plane）。邊槽鉋（bench rabbet plane，例如史丹利 #10 系列）可以用來清理榫頭頰面和肩部之間的轉角，粗鉋（scrub plane）或光鉋（smooth plane）裡面裝有曲面的刀片，很適合用在手工刨除粗糙大木表面的

工作（稍後有更多關於刨除的討論）。

你可以購買刨好的大木，或將大木運送到鋸木廠處理，只是這個做法相當昂貴，而且在組立之前你可能還是得重新清理一輪。倉庫和附屬建築物使用的大木可以保持粗糙面，你可能不會反對在家裡做這樣的處理，但要注意粗面大木會積累灰塵和蜘蛛網，而且無法妥善吸收牆面的裝修材料。手工刨平是令人愉悅的經驗，能夠刨出有如荷葉邊一般稍有起伏的表面，只不過這需要花一點時間和體力活。可攜式電動刨除機可以加快工作的進度，但是會留下機械痕跡，除非降低速度並小心處理。這些鉋刀的寬度有 4"、6"、12"（10、15、30），在刨平較寬的表面時，愈窄的鉋刀愈需要細膩的處理，以免形成凸起。不過對其他木作工項來說，窄鉋刀還有很有用處。大多數專業的大木構架建造者會使用 12" 寬的型號，但這對於只建造一座構架的人來說過於昂貴，除非能找到二手鉋刀、或者向他人租用。總體來說，大部分用於大木構架的特殊電動工具在網路上都有很好的再售價值（詳見書末〈參

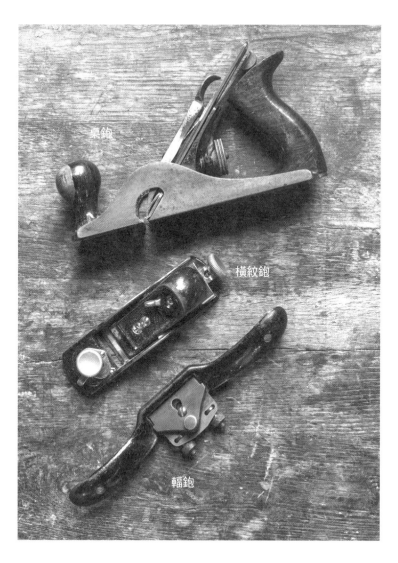

桌鉋

橫紋鉋

輻鉋

扁斧

砍斧

2 鎊斧頭

大斧

鑽鑿工具

製作榫眼總是比製作榫頭更有挑戰性，因為它不像榫頭可以用斧頭或鋸子來裁切。在使用鑽子以前，有一種榫眼鑿（現在仍找得到）帶有厚而窄的刀片，可以一路挖鑿木材，直到預定的榫眼深度。一些傳統方法會專門使用斧頭製作，並採用半搭接接頭，而完全不採用榫眼和榫頭。

我們的構架使用寬 1-1/2"（3.8）、深度不一的榫眼；有一些完全貫穿大木（稱為貫穿榫眼），通常是以 1-1/2" 的鑽頭鑽孔後，再使用鑿刀鑿到平整狀態。你可以用較小的鑽頭鑽出數個小孔，不過這對人力吃緊的案子來說，會衍伸出大量的額外工作。最普遍的鑽孔方法是使用裝有 1-1/2" 夾頭、螺旋鑽頭和加長桿的電鑽。由於許多力矩牽涉其中，因此最好使用美沃奇鑽孔機（Milwaukee Hole Hawg）這種低速的重型電鑽，並確保它能夠換裝你要使用的鑽頭直徑。

其他傳統的辦法是使用

考資源〉）。

輻鉋：這是鉋刀的一種類型；輻鉋有一個小刀片和兩側手把，用來刨出平滑的曲面，例如施作樓版格柵和椽條的退縮部位；也可以用來刨平彎曲的斜撐。

斧頭：小斧頭（大約 20"〔50〕長並附有一個 2 磅、約 0.9kg 重的頭部）可以迅速劈出大致的接合部，就如同以鋸子處理切口一樣。如果你不使用電動工具，斧頭會是你工具箱裡很棒的配備。以

砍斧大略地劈出方整的大木，可再以大斧修整完成。

扁斧：這個工具有一根長把手和一個造型彎曲的頭部，切口大約 3" 到 5"（7.6 到 12.8）寬。你要跨在大木或版材上，手拿著扁斧在雙腳之間擺動，把大木或版材劈成形。在我們的構架當中，樓版格柵和椽條在端部接合位置的深度原本僅先以斧頭大致處理，之後以扁斧劈出優雅的曲面，再進一步利用輻鉋修飾完成。

T 形螺旋鑽頭和鑽孔機（也稱為鑽樑機）。你仍然可以在古董工具商那裡買到這些工具（需要 1-1/2" 的鑽頭），不需要電力來源。

電鑽有一些很明顯的缺點：如果沒有持續注意，鑽出的鑽孔不會垂直於表面，而且過程中如果不頻繁地清除木屑，鑽頭會被屑片卡住，甚至整個纏住。螺旋鑽頭的設計就是為了將碎屑清除並送出鑽孔。但有時候，特別是在處理生材的情況下，碎屑會卡在旋轉的切割頭上，導致鑽頭不能旋轉，進而引發電鑽本體旋轉，使得旋轉力傳到操作者手上。在沒有心理準備的情況下，你會相當驚嚇，手腕及手臂也會受到影響。有些建造者會使用自饋式平翼型鑽頭（Forstner-type bit）；這類鑽

頭的某些直徑規格很容易取得，但使用時如果沒有重複卸除鑽頭並清除鑽孔的話，也可能會更快被木屑塞滿。理想的鑽頭是螺旋部位約有 6" 到 7"（15 到 18）的長螺旋鑽頭，不過這應該很難找到。或許你會嘗試將古老的 T 型螺旋鑽頭切掉，然後裝到電鑽上，但因為它本來不是設

計成這樣使用，所以可能會斷掉。

大木構架建造者選擇的電動工具（而且通常是第一樣買入的工具）是鏈帶式榫眼機。機具裝有一個 1-1/2 " 的手把，以及會壓入木料以鑿出榫眼的金屬鏈，此外還有一個基座，有助機器與其所在的表面保持垂直。

鏈帶式榫眼機

電鑽

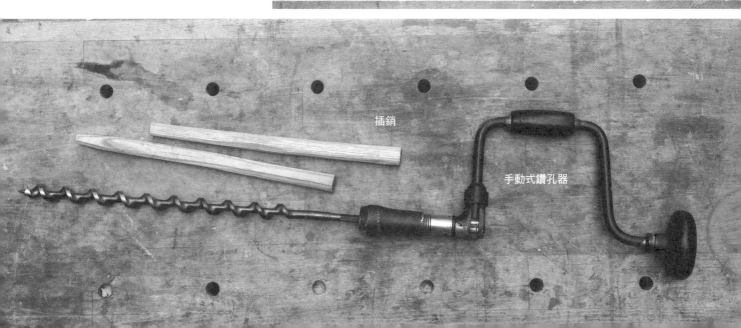

插銷

手動式鑽孔器

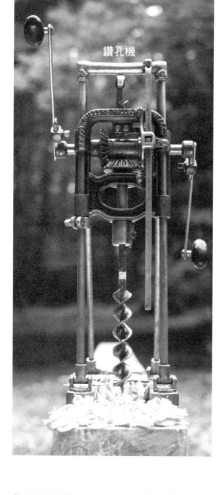

鑽孔機

手工製的榫頭檢測版很方便用來確認榫頭有沒有過厚。榫頭過厚是新手經常遇見的問題。邊緣部分可能已經切削至放樣線，但還沒到榫頭頰面的中央

至於插銷孔，你會想需要一把直徑有 3/4" 和 1"（1.9 和 2.5）的長螺旋鑽頭（長 12" 到 18"〔30 到 50〕左右）。插銷孔會從其中一道參考面一路鑽透，這樣插銷就可以保持直挺；不同的是，貫穿榫眼的施作方法則是從兩側往內各鑽鑿一半的厚度。你可以使用手搖式曲柄鑽或電鑽來鑽孔，不過手搖式曲柄鑽無法產生足夠的力矩來處理較大直徑的榫眼。

如果你只要裁切一座構架的木材，那麼一枝附有側邊把手、1/2"（1.3，這裡是指夾頭的尺寸）的優良鑽頭可能是最經濟的選擇（低

於 150 美金、約新台幣 4,500 元），也可以用來鑽出插銷孔。IRWIN 與 GREENLEE 兩間公司均生產直徑 1-1/2"（3.8）的螺旋鑽頭。以〈參考資源〉提及的古董工具商來說，一部好的舊式鑽孔機可能要價 200 到 700 美元（約新台幣 6,500 到 21,500 元）。選擇電鑽會更加適合，因為電鑽具備很好的再售價值、既安全又容易使用。如果你要裁切一座以上的構架，就很值得投資鏈帶式榫眼機，也很容易再售出，然而依據不同品牌，（新品）可能要價 1,600 到 3,400 美金（約新台幣 48,000 到 102,000 元）。

你可以透過工具商、或是在大木構架協會的電子報（詳見〈參考資源〉）中搜尋或刊登廣告來徵求整新或二手的工具。

榫頭檢測版：一開始，大部分的大木構架新手大概是害怕切除太多木料的緣故，都會把榫眼做得太窄、把榫頭做得太厚。有鑑於此，你可以利用 1-1/2" 的直角規尺舌來確認榫眼的寬度。榫頭的確認則可以取一塊夾板或厚的硬樹脂玻璃，用線鋸非常精確地鋸出寬 1-1/2"、長 10"（25）的溝槽，再把它套在榫頭上，來確認最終厚度。

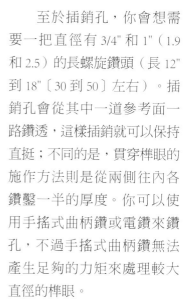

5 / 放樣與裁切步驟

木構架動工那天是個大日子。訂購的大木已經送達，全都堆疊起來並做好標記，你堅定又忠誠的鋸木架也準備妥當。把這些東西盡可能放在同樣的高度，除了讓你工作起來比較舒適之外，因為要準備鋸切、鑽孔，甚至在斜面上工作，因此可以確保工作的準確度。

放樣的第一步

1 從建築物的某一側開始標記平面圖。你在標記每一根大木時，會參照已經做好標記的構架。我們會用數字來標記跨架（大木的橫向構架，垂直於屋脊），以羅馬數字標記間隔（兩組跨架之間的空間），並用字母標記牆體（支柱軸線會與水平軸成 90 度角）。

這些記號能幫助你在工作時對構架中的每一根大木構材進行視覺化；在你組立構架的當天，也能協助你指認構材，猶如在木材堆中狩獵下一根要上場的材料一樣。有些構材（斜撐、樓版格柵、椽條）外觀相似而可以替換使用；其他構材之間則存在微小差異，好比少部分有缺陷的榫眼或材面，就會是你想要隱藏起來的部位。大木上的標記說明了它在構架中的位置和方向（例如：在第二道跨架中位於牆體 B 的支柱會標示為 2B）。圍樑、桁樑和繫樑本身會根據其所屬的跨架或間隔來標記，端部則以該根構材的置入位置來標記（除非它們可以互相替換）。

只要你的標記作業有連貫性、避免重複，採用哪一種放樣系統都無所謂。材料一放到鋸木架上，就馬上用白色粉筆標記，裁切完成再接著以麥克筆或蠟筆於端部畫上永久記號。傳統上，木匠會用鑿刀或半圓鑿刀在材面上做記號，並採用附有「旗子」或其他記號的羅馬數字系統來幫助記憶，進一步區分出構材的位置。

標記構架

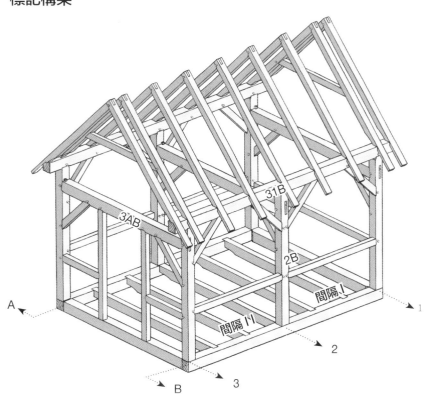

這一套你為構架所發展出來的標記系統在你處理個別的大木時，可以幫助你辨別構材方向，並且提升組立過程的效率。

2 　決定好你要從構架中的哪一根大木開始作業，並從圖面中計算其肩到肩的長度。（如果有樺頭）要加入樺頭的長度來計算需要的整體長度。這個步驟可以在你前往大木堆之前先完成。請記得，肩到肩的長度非常關鍵，而非整體長度。如果樺頭有點短，問題不太大；如果稍微過長，則可以鋸切。大部分構件的肩到肩長度會在第 6 章詳細說明。

大木作業提示

肩到肩長度是很關鍵的尺寸，請計算出來並以此放樣大木，並為稍後要製作的樺頭預留足夠長度。

法式木工記號

ALPHABET DU CHARPENTIER.

在世界各地許多歷史悠久的大木構架中，你都可以發現以粉筆畫下的木工記號，或是以鑿刀、半圓鑿刀、刀片鑿刻在木頭上的記號。記號系統有很多種；法國使用羅馬數字及其他記號來標示大木的方向、在構架中的位置、裁切的位置、中心線和更多訊息。這個系統至今仍持續為人所用。

3 從你的大木庫存中取出適當的材料，記住它在構架中的最終位置。你可能會想同時取出同一類大木，好比同時取出所有的木地檻，然後是樓版格柵，再來是支柱等等。

4 把大木放上鋸木架後，**順著長向往下看，（如果有拱起情形）找到表面拱起處**。以水平構材，例如地檻來說，拱起面通常要朝上以抵抗垂直載重；而構面上的垂直構材拱起部位都應該轉到同一個方向，不是朝內就是朝外。有劇烈拱起情況（長度超過 1/4"〔0.6〕）的支柱不應該設置在外部，因為拱起會導致外覆層膨脹。如果有拱起的樓版格柵或椽條，應該組合在建築物的中央（拱起面朝上），如此一來樓版或屋頂會形成漸次的「拱起」。如果構材拱起太嚴重，就必須畫一條墨線為基準，將材料刨平或鋸齊至這條線。通常只有參考面才需要做這樣的處理，之後你可以把墨線當做參考，藉此在相對的非參考面上放樣凹槽，以承接內部理想材。

5 檢查大木的螺旋或扭轉情形。你可以**在大木的端部（端部接合位置）畫兩條筆直的邊線（直角規在這裡很好用），然後從頂部檢視**。如果直線邊緣不平行的程度在 12'（366）長度之內超過 1/8"（0.3）時，你應該使用鉋刀來調整這一面及其相鄰的參考面（至少在接合位置），或者更換另一根構材。有需要的話，你可以把墨線當做是方正的參考面，不過這仰賴更進階的技術與經驗來達成。有些大木構架的建造者只會依據墨線來作業，而不採信這種觀察邊緣的方式。多花點時間去接洽優良的鋸木廠，也許你就不會得到太不平整、扭轉或拱起的大木，而需要再另外畫墨線來處理。

5

6 確認實際與標稱尺寸，並指出做為參考面的兩道相鄰表面（兩者必須相互垂直）。**在這兩面分別畫 V 記號指向稜線**，也就是兩個面所共用的邊。

參考面是尺寸的基準。水平構材的頂面通常就是參考面（樓版面、屋頂面等）。外部面通常也是參考面。舉例來說，角柱要以本身的兩道外部面為參考面。對於無法以頂面或外部面為參考基準的大木，必須採用其他方式來維持一致性，這樣參考面才會朝向同一個的方位；傳統上我們是以北向及（或）西向做為指示方向。

選擇參考面時要記住：參考面通常會隱藏起來，因此外觀最好看的面經常都不是參考面。有色差的面可以轉向，使其隱藏或覆蓋起來。長向中間有大型樹節的大木，結構會不如乾淨的大木來得健全，因此可以應用在隔間牆（由立柱構成，用來協助承重）、或載重較小的位置，例如靠近山牆端的椽條。大木最靠近木髓的那一面通常會開裂，不過這只是外觀上的問題，不會影響強度；如果覺得介意，可以翻轉材面將其隱藏起來。這

6

一切看似有很多事情需要思考，但重點是沒有一件事是隨機出現的。所以為了不過分擔憂（或成了「分析麻痺」），你應該會想對大木的最佳方向進行評估。

從參考面（而非中心線）來丈量接合部，藉此確保所有大木構材能在建築物外部形成齊平的表面，以利施作外覆層。這個練習也可以幫助你將腦海中的「空中樓閣」具體化——關鍵是，你要知道這些大木在完成構架中會變成什麼樣子，藉此避免犯錯。一旦指出參考面，你應該就能看出大木的某一端是哪一端。

兩道參考面交會的稜線要用粉筆畫 V 字標示。

7

7 將捲尺沿著稜線拉開，定位出主要的接合部，以及要鋸切到的長度末端。

來回調整捲尺（假設捲尺還夠長），避開樹節和其他缺陷，標記從圖說計算得來的最初接合位置，使用輕短的記號來劃記每個接合點的控制點。控制點通常會落在接合點的中線或邊線上，這取決於圖面是如何丈量的。不要在不必要的地方畫粗線，因為稍後可能還要特別把它清除。此外，實線只畫在需要鋸掉的地方。一旦你對所有接合部的位置都感到滿意了，就可以拿走捲尺，換以硬式的放樣工具（直角規、複合尺規、或 Borneman 放樣版）來逐一放樣接合部，務必要以參考面做為操作工具時的參照。

放樣榫眼與榫頭

下面我們將以第 3 章談到的地檻榫眼與榫頭來示範放樣方法。這裡說明的程序也適用於構架中的其他接合部位。

榫眼

一如在直角基準法則（詳見 P.33）中說明過的，長地檻的榫眼會設置一個凹槽來承接短地檻寬度縮減的部位。這個凹槽要放樣在距離外部參考面 7-1/2"(19) 的位置。

1 從首先，拿一把直角規，在稜線上對準代表長地檻末端的記號，**然後在大木的四個面畫出一致的直線，以標示最終的端部裁切面。**握住直角規的中央、靠著稜線放置，就能畫出一條確實與邊緣垂直的線。如果有樹節或木屑導致尺規晃動，那麼上述以尺規內緣抵住稜線的做法，可以改成將尺規放到大木頂面，用尺規外緣對齊稜線來畫線。

接合部細節

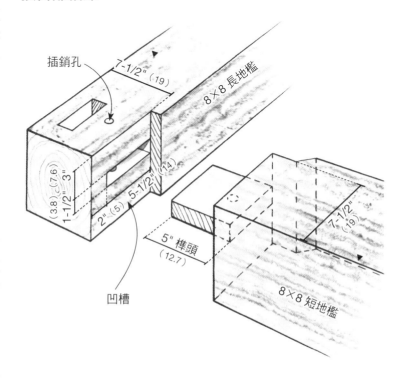

插銷孔

7-1/2" (19)

8×8 長地檻

(3.8) (7.6)
3"
1-1/2" 3"
2" (5) 5-1/2" (14)

凹槽

5" 榫頭 (12.7)

7-1/2" (19)

8×8 短地檻

1

2 在不移動尺規的情況下，從底線往內 7-1/2"（19）做記號，然後往下平移尺規，把記號延續到內部的材面；這是承接短地檻的凹槽內緣。從頂部參考面將這條線往下畫至內側材面。

2

3 接著拿起複合式尺規，將尺葉設定為 7-1/2"（或使用 Borneman 放樣版），然後在頂面**標示出凹槽的背面**。

3

4 使用同樣的工具，**從頂面往下、在內側材面畫出 3" 及 4-1/2"（7.6 及 11.4）的直線**，以此表示榫眼。

5 注意，大木端部的榫眼（以及短地檻所對應的榫頭）都要從末端退縮 2"（5），才不會透空而形成濕氣進入的路徑，我們稱這個餘留的動作為收尾（relish）。劃記收尾時，必須在凹槽線內部以直角規定出 5-1/2"（14）的記號，或者利用**尺規本身 2"（5）的尺葉寬度來畫定端部的切除線**。

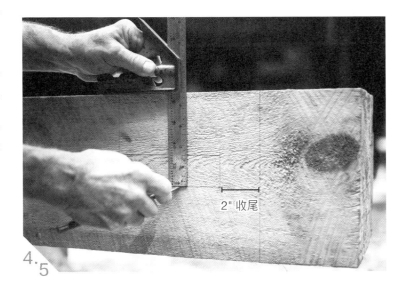

2" 收尾

4·5

6 把大木翻轉過來，在相鄰面重複**相同的放樣工作**，在丈量和劃線的過程中要不斷確認你是以頂部或外側的參考面為基準。

7 最後，放樣位在頂部參考面的插銷孔；在直角基準法則中，插銷（幾乎）都是從參考面鑽入，因為樺眼比較接近這一面。地檻轉角和中央樓版格柵的接頭採用直徑1"（2.5）的插銷，因為這些部位採用的都是長樺頭（5"〔12.7〕）。這些插銷孔的放樣位置要距離肩線1-1/2"（3.8），並且位在樺眼中心的位置。**利用直角規1-1/2"寬的尺舌來進行此處的放樣，凹槽內部要保留2-3/4"**（7，即5-1/2"樺眼寬度的一半）。

大木作業提示

沒有一件事情是隨機的。你在大木上面放樣時所做的任何決定，包括哪一面要外露、要設置接合部，構材走向如何？背後都應該要有一個理由。如果你發現自己脫口說出「沒差」這兩個字，就要重新思考，但也請記住也不要過頭而導致「分析麻痺」。

7

何時刨平？

在接合部位鋸切之後，為了外觀而刨平大木會影響構架的最終尺寸。所以應該反過來，在放樣之前就先刨平可視的參考面。當你在進行刨平工作時，切記要讓相鄰的材面彼此保持垂直，後續會被外覆層包覆或樓版覆蓋的參考面則不需要刨平，因為它們會被隱藏起來。非參考面可以在裁切後，在不影響尺寸的前提之下刨平，因為凹槽所確立的內部理想材位置遠低於表面。這邊要刨平的主要目的在於去除鋸痕和鉛筆記號、鞋印等諸如此類的髒污，並且創造出平滑的表面。有些人喜歡粗鋸外觀所以完全不做刨平，但這些材面相對容易積累灰塵和蜘蛛網。這本書呈現的所有大木都是粗鋸木材。

榫頭

　　短地檻上的榫頭放樣會完全對應榫眼的放樣，如果大木的末端很方整，可能就不需要鋸切端部，因為榫頭端部會埋入榫眼，而且長度並非關鍵。

1 **決定好短地檻（10'9"〔328〕）的肩到肩距離**，以定位每一個末端榫頭。記住地檻上的其他接合部位，並且避開可能出現樹節和其他缺陷的位置。

2 **在每一端加上 4-7/8"（12）來表示榫頭的長度**，並將這條線繞著大木垂直劃設。這就是大木的鋸切線。

3 從大木頂部往下 3"（7.6），垂直畫出肩線，**並在下方預留 1-1/2"（3.8）以標出榫頭的厚度**。再將此線往下延續到大木的底部，來標記下方肩部的位置。

4 利用複合式尺規（或是 Borneman 放樣版）在 3" 和 4-1/2"（7.6 和 11.4）這兩個位置分別畫平行線，代表榫頭的「頰面」。

　　在鋸切過程中，有一部分放樣線可能會隨著鋸切而消失，因此如果有需要，可以在每一次鋸切後再於新的面重新畫線。直到製作出榫頭頰面之前，榫頭要縮減、要裁切的 2" 收尾、和榫頭上的插銷孔，都還不需要放樣。

　　跟其他人一起工作是個好主意，他們不僅能幫忙搬運木材，也可以協助你在鋸切之前確認放樣。請注意，有接合部的某些部位——凹槽座（表面）、榫頭的頰面和正面、榫眼側面——通常都會平行於參考面（部分傾斜的椽條和斜撐接頭可能例外）。當你要環繞著大木將這些線條轉換到不方整的非參考面、或是要在這些材面使用鑽孔工具來鑽孔時，要記住這點。

裁切步驟

等到第6章提及構架細節時，我們會深入探討放樣每一個接合點的特定事項。現在我們先討論一般的鋸切步驟。接合部的設計（稍後會提到）源自於對木材異向性的本質有所理解。同樣地，鋸切接合部的技術也是如此：木頭紋理的走向會決定對其最有效率的鋸切和成形方法，以及木頭會如何抵抗施加而來的應力。

在放樣過程中，接合部的定位會避開樹節和其他缺陷，乾淨且紋路可預期的材料比較利於裁切。正確的鋸切、鑽孔和鑿除程序通常都會需要將木材的長纖維鋸切到一定深度（橫切或鑽孔），方便你以平行紋理的方向劈開（縱切）木材，把一大塊的木材鋸切到那個深度。這項技術跟製作榫眼和榫頭的方法很類似。

握住鋸子！

裁切之前要牢記這些提示

- ➡ 在裁切每個端部之前要將所有接合部都先定位出來，如此一來，在必要的時候就可以移動接合部（你可以在放樣之前先在某一端劃一道淺刻痕，藉此確保捲尺是從起始點開始量測）。

- ➡ 經驗法則指出，應該先鋸切最困難的接合部。如果你不小心失手、或是對結果不甚滿意，你也許有機會重新標記構材；或在你投入過多時間修正之前，先取得另一根構材。

- ➡ 等候一段時間再繼續另一端的鋸切。將另一端擱置較長的時間，如果你失誤，也許還有機會省下一些木材。

- ➡ 如果大木端部有榫頭，榫頭端部的裁切不必追求完美。所有榫頭的長度都以低於標稱尺寸 1/8"（0.3）來裁切，以確保榫頭不會觸及榫眼的底部。

- ➡ 沿著大木一路施作下去，依計畫鋸切接合部，盡量在同一面做好最多處理再翻轉大木。對大木構架來說，移動的經濟性是很重要的考量，所以最好一次就在大木的某一面進行所有類似的操作。

- ➡ 鋸切大木端部時，如果會鋸掉一段大的、或長的剩餘構材，必須確保這部分受到支撐、或者有人可以接住，以免構材因自重往外拉時撕扯到木材的紋理。接住剩餘木料時，記得把你的雙腳保持在掉落線之外，並且在鋸切完成後引導重量往下並避開鋸子，以免鋸片在切口卡住。

- ➡ 隨時提醒自己，大木的哪一個面會在完成構架中外露出來，這樣你在施作外露面時就能特別小心。

鋸切榫眼

　　裁切榫眼時要「鋸、刻、鑽」。首先要鋸出每一個凹槽的肩部，然後在鑽孔之前先刻好榫眼的側邊，才能避免鑽頭在可視面上作業時發生木材撕裂情形。在鑽出中間的木材之前，先鑽好榫眼的端孔，然後將剩餘木屑鑿出。如果榫眼靠近大木末端，在切除多餘的端部之前要先完成榫眼，這樣在榫眼的製作過程中才能避免末端的紋理爆裂開來。

完成的地檻榫眼與凹槽（上圖）是從裁出凹槽的肩部開始製作（下圖）。

1 鋸出凹槽的肩部。 做為第一步，這非常重要，因為它在相接的構材之間確立了清楚且精準的接合點。然後你就可以使用鑽孔機和其他工具而不用擔心偏離，因為這條接合線很顯而易見，且纖維已經被切掉。使用細齒鋸，小心往下裁切到正確的凹槽深度；你很可能會想先用小刀沿著鉛筆線刻劃，以鋸切得乾淨俐落。

1

大木作業提示

在鑽榫眼之前先切或刻出肩線，鑽頭就不會撕扯木頭紋理，讓它跑到放樣線之外。在切除凹槽部位的木料前，要先完成所有的榫眼工作，才能得到足以做為深度參考的良好材面。

2 **刻出榫眼側邊**。沿著榫眼的邊緣施作,使用鑿刀和木槌進行放樣。這麼做有助於引導鑽頭。

3 **鑽出榫眼**。裝好鑽孔機或開榫機,確認你在鑽孔時與參考面保持垂直。如果你在非參考面上作業,有時候會需要在機器底下塞填木片來調整高度。如果你使用電鑽,那你可能需要一名助手,幫你固定工作面上的直角規,方便你操作鑽頭與之保持平行;鑽鑿插銷孔也要使用同樣的技術。到了這一步,重點是把大木平放在鋸木架上,你自然而然就能維持鑽孔的垂直度。如果大木非常水平,你可以在鑽孔機上放一組水平儀(bubble level)來保持垂直(有些鑽孔機也因此而內建水平儀)。

先鑽出榫眼的端部開孔(3b),(如果使用攜帶式電鑽)利用膠帶在鑽頭上做記號,把深度設定好。如果使用鑽孔機或開榫機,要把鑽頭降到表面,設定好要停止的深度。為了在鑽入正確深度的同時也鑽開足夠的直徑,要確認你要加裝的進給螺桿長度或鏈棒的曲度。你需要把凹槽的深度加到榫眼的標稱深度上,以此計算實際的深度,再以這個深度來設定鑽孔工具。要記住,凹槽深度不一定是 1/2"(1.3);而是會取決於大木尺寸是否過大或不足。舉例來說,如果地檻構材寬 8-1/2"(21.6),而非標稱的 8"(20.3),凹槽就要從外部參考面以 7"(17.8)來施作,這樣凹槽從內面(非參考面)丈量時會得到 3/4"(1.9)的深度。也

2

3a

3b

4a

4b

因此，榫眼會鑽至 5-3/4" 深（14.6；可以稍微深一點，但不能不足）。

在端部的開孔之間再次鑽孔，但開孔不要重疊，避免鑽頭偏離；不過如果使用開榫機，開孔就可以重疊。由於鏈條是彎曲的，只要增加 1/2 到 3/4"（1.3 到 1.9）的深度，就不需要避開榫眼的底部。

4 把榫眼修整平直。如果不是使用開榫機，你需要修整剛剛鑽孔完畢的開孔兩側，因為鑽頭是圓的，而你的目標是長方形的開孔。使用鑿刀清除剩下的木料，務必先以橫切的方式切斷木頭紋理，再以平行紋理的方向削除。利用木槌敲擊鑿刀，**讓它往下鑿到榫眼端部**（鑿刀斜面要朝向榫眼內部）（4a），讓木槌落下、運用手部力量和一點上半身的重量來**削除榫眼的側邊**（4b）。在裁切末端紋理和削切側邊之間來回動作，一直鑿到榫眼的底部為止。

鋸切時，榫眼的承載面和凹槽務必要垂直於表面；長地檻的榫眼承載面在底部，也就是短地檻榫頭插入的位置。榫眼的另一側可以稍微削成錐形（傾斜不超過 1/8"、〔0.3〕）。

平整度、和放置鑽孔工具時，會需要一道良好的表面來承載。如果榫眼位在大木的末端，例如在地檻的轉角接合處，那在切除大木末端和製作凹槽之前，必須先確實完成榫眼的所有作業，降低你在製作榫眼時造成收尾爆裂的可能性。

（green boxed heart timber）會發生切線上的收縮，即外圍的收縮程度最大，使凹槽面跟著稍微膨脹。

5 以複合式尺規**確認平整度**（與深度），並利用合適的直角規尺臂來檢查寬度。確認榫眼的側面平行於參考面；這點你可以透過直角規和複合式的搭配來確認。

榫眼是最先裁切，而且在鋸出凹槽之前就完成的部分，因為當你在確認深度、

6 切除大木末端，**並繞著端紋劃設凹槽線**。

7 鋸切木材，並將凹槽鑿到最後要完成的深度（7a-c）。凹槽面的內部多挖空一些（約 1/8"），這樣一來，榫頭構件的榫肩就能緊密地卡入凹槽線（7d）。這麼做也是因為帶芯的生材

6

5

7a

7b

7c

7d

8 **鑽出插銷孔**。榫眼上的插銷孔是直接往記號位置鑽入，直通到底；在榫頭上鑽插銷孔則可能偏移。鑽透時，注意不要讓構材的另一邊爆裂。你或你的助手可以注意觀察鑽頭螺絲的進孔情形，通常你會感覺或聽出它是否快要穿透構材。多利用複合式尺規或其他工具來確認鑽頭與參考面保持垂直。鏡子也能發揮好的作用，你可以藉此觀察螺絲的彎曲情形，只需要來回輕敲鑽頭，直到鑽頭及其鏡像形成一直線即可。

大木作業提示

插銷孔是從參考面一路往下鑽透；貫穿榫眼則是從相對的兩面分別往內部鑽入一半的長度。

8

如何使用手工鋸精準地裁切？

相較於攜帶式圓鋸，新手使用手工鋸經常可以裁切得更好，因為後者的鋸切速度較慢，有較多時間可以矯正失誤。從大木構材遠端的稜線開始，將鋸子定位在鉛筆線痕跡之外的待切除端。讓鋸齒微彎，或者從身體往外鋸、並且左右交替拉鋸，這樣一來，鋸出的切口會比鋸片本身還要寬，而能讓鋸子繼續順利前進。讓鋸子跟你標記的鉛筆線形成斜角，將木材鋸到大約一半的深度，因此鋸片大多都應該要位在這條線之外。

將鋸子稍微往後拉，讓它從木材的轉角（稜線）開始，用你的拇指輔助，以免鋸子因擺動而跳動（A）。鋸子從轉角開始作業時，你只會去除一小部分的木材；一旦出現切口之後，鋸切工作就會變得很容易。起步時不要急著切除整面構材。鋸切時，壓低鋸子的把手，斜斜地橫切過材面，不要一口氣就鋸到你看不見的另外一側（B）。當鋸子來到比較接近你的上部轉角，準備要沿著你眼前的垂直線再往下鋸時，必須先對齊你剛才橫切頂部的線。一旦鋸子到達構材正面的底部，鋸切工作就算完成了一半。而為了繼續鋸切背面的垂直線，必須停止這一側的鋸切作業，繞到另一側才能看見你要鋸切的線（C）。你在第一面製造的切口會幫助你控制鋸子。

只要專注看著你眼前的作業情形，就能夠鋸得精確，而不需要去祈禱鋸子在看不見的那一側正確鋸下。當然，以上所有建議都要以你的鋸子確實有經過磨利與校正為前提。

A

B

C

大木作業提示

不要裁切不在你視線範圍內的線條。

裁切榫頭

一次只處理榫頭的其中一側。先用鋸子從肩線往下鋸至頰面，使榫頭成形。這是關鍵的一刀，動作要放慢（切口最好跟放樣線一致）。

1 利用圓鋸或橫割鋸（crosscut saw）製作肩部。你可能會遠離肩線約 1/16"（0.15）以策安全，接著用鑿刀來削切，但端紋其實並不好處理，而且如果你有上千個榫肩要製作，你必須快點學會如何該正確下刀。

2 在完成肩部裁切之後，**把榫頭線以上的木塊切除**。首先處理最靠近參考面的榫頭頰面，從下列三種方法中選擇其中一種來處理：

- 利用鑿刀切出斷面。
- 利用斧頭、手工鋸、或可攜式圓鋸製造切口，再利用鑿刀和木槌敲除切口之間的木塊。
- 使用縱割鋸（ripsaw）；這是遇到有樹節或紊亂紋理時的最佳選擇。

1

使用圓鋸製造切口

將圓鋸的深度設定在放樣線上方 1/16"（0.15），然後以 1/2"（1.3）的間隔製造好幾道切口。如果處理的是非參考面，務必將鋸子設定在最淺深度，因為如果材面不方整，整根大木的深度將會有所差異。

A

B

如果是乾淨的直紋木材（在放樣時已經刨平），我傾向第一個方法：把鑿刀的斜面向下，抵住要切除的廢木料端部，在角隅處鑿出斜角缺口。由於你已經削除肩部的木料，因此只需以木槌敲打鑿刀，就可以一口氣將木塊鑿到肩部切口（2a）。

現在觀察木紋的傾斜走向，如果紋理往肩部逐漸抬起，那你可以比較篤定地繼續鑿除木料，而不會使木料開裂到榫頭。如果紋路往下走，你要更加小心並改變方向、採取橫切法、或者在接近榫頭頰面時改用削除的手法。當你去除大塊木料時，每次都在要在到達頰面線時暫停；在進入此線的 1/8"（0.3）範圍內時，就可以改採削除的做法。

將鑿刀配合你要的成果來轉向：去除大量木料時，讓鑿刀斜面向下並用木槌敲擊（2b），因為斜面向下會讓鑿刀在鑿除過程中往上走，而不鑿進材料中。不過到了要削除、或是要細修表面時，就要將鑿刀翻面，它的平坦底部才能發揮導引的功用。

2a

2b

大木作業提示

榫頭和榫眼的紋理走向都要分別處理到平行其相對部件的紋理。

3 當你到達榫頭邊線（跟木紋平行的線）1/8"〔0.3〕的範圍內時，**利用鑿刀的一角將榫頭的外緣往頰面線削出斜面（倒角）**，同樣地，外緣的另一半先不削掉。每一次倒角只去除一點點木料，榫頭外緣的處理就能控制得更好、更完美。接著削除榫頭的主要部分，避開已經修整好的邊，並利用倒角做為深度的參照。

注意，不要從其中一邊整個橫切過榫頭，這可能導致另一邊撕裂且破壞頰面線。要從邊緣開始，往中心推進。當你削除木料時，務必將兩隻手都放在裁切邊緣的後方，前面的手握住刀身並將它抵住木材的側邊，後

3

面的手握在鑿柄末端，做為掌控和推進的支撐。當要進行更細緻的削除作業時，可以試著在後手推壓的同時，用前手旋轉鑿刀去切削薄片。如果要做更大（但較不

受控制）的動作，你可以把兩隻手都移到把手末端。不要把前面的手移到最前方去握住木材；如果你推得太用力而動到木材，那可能就要把鑿刀磨利一點。

削切榫頭的其他方法

除了使用鑿刀之外，你也可以使用手工鉋刀來刨製榫頭的頰面（必須是槽口鉋刀，才能正好在榫頭肩部的上方施作）；在處理非常大型的榫頭或是嵌接接頭時，則可以利用大鑿來施作。

4 利用複合式尺規或直角規來確認參考面和樺頭之間的距離；這段距離應該是從地檻的頂面往下 3"（7.6，樓版格柵的樺頭也相同）。除了 4x5 構架（圍樑和門柱）上的外露樺頭之外，其他在這座構架中的所有樺頭頰面都距離參考面 1-1/2"（3.8）。

4

5 翻轉大木並完成另一側的樺頭，多加確認，**直到樺頭檢測版可以一口氣貫穿到肩部。**

5

6 退縮部位的放樣和裁切。由於短地檻的樺頭要插入長地檻的非參考面，因此必須把內部理想材縮減至 7-1/2"（19），這個縮減部位是在短地檻內側的表面裁切而成。利用複合式尺規**從參考面量到 7-1/2" 的位置，劃一條直線往下連到樺頭、往上連到樺肩**（6a）。

這個退縮部分要往回退到足夠的距離，才不會在接入最寬的大木構材凹槽時卡住。雖然這些凹槽標稱深度是 1/2"（1.3），不過根據你所能選用的鋸子，深度可以鋸到 3/4 或 1"（1.9 或 2.5）。為求保險，我們通常會針對

6a

所有榫頭構材，從肩部算起往後退縮 1-1/2"（3.8）。

　　退縮 1-1/2" 之後，接著在大木表面製作一道 45 度角的斜面，而不是一道方整的槽口。你也可以使用扁斧和輻鉋施作漸次的曲面。將這條線環繞著榫頭施作，一直延續到另外一側。**利用縱割鋸鋸出退縮部位（6b），鑿掉剩下的三角木料來完成 45 度角斜面（6c）。**

　　要注意，這個退縮部位只會在特定的榫頭構件上施作，因為它要插入非參考面，而在這樣的非參考面上也會設置相對應的凹槽來接合內部理想材。舉例來說，支柱底部不需要退縮，因為支柱設立在代表內部理想材的參考面上（即地檻頂部）。不過，像是在圍樑或斜撐這類從相對方向分別將相似構件插入參考面的部位則例外。因此為了美觀，我們可以把這個帶有榫頭的端部接到參考面上，讓它與另一側相互搭配（詳見 P.76〈直角基準法則中的接合設計經驗法則〉）。

6b

6c

完美的接合

完成後的榫眼和榫頭接合起來應該要多緊呢？榫眼和榫頭多少都會收縮，不過很難預測個別的收縮量、或有沒有同等的收縮量。如果太緊，將導致接合部在組合、立起、或乾燥時開裂；太鬆則會鬆脫，並且導致應該要平整的大木表面呈現傾斜。無論如何，設置足夠的縫隙是有效的；當組立過程中有許多接合處必須同時對接時，縫隙有時候就顯得相當必要。你應該追求完美且平順的接合，尤其是榫頭跟榫眼即將完成接合的最後一兩吋長度。

7 在榫頭的另一側丈量並放樣 2"（5）的收尾。**使用縱割鋸裁切**，首先在肩部製造一道橫切切口，這個步驟只會在插入大木最末端榫眼的榫頭上施作。而以本書示範的構架來說，只有地檻符合這個描述。但即便沒有 1'（30）懸挑屋頂的設計，在支柱插入桁樑端部的位置也會施作收尾。

7

8 **將榫頭削窄成錐形**（承載面除外；而此處的承載面是底部）。大約從到肩部的中間位置開始，將端部的厚度和寬度削減約 1/8"〔0.3〕（8a），讓榫頭更容易能插入榫眼。

在末端稍微倒角，以降低榫眼插入時可能引發屑片裂開的危險（8b）。

8a

大木作業提示

將榫頭削得比標稱尺寸再短一些（1/8"）、或將榫眼鑿得更深一點，避免榫頭觸底。

8b

9 在最靠近參考面的榫頭頰面放樣插銷孔，並將其鑽出。**將直角規的1-1/2"（3.8）尺舌抵住榫肩**（9a），確認榫肩與參考面成直角。定位出榫頭的中心、標好記號，然後**從這個記號往榫肩方向偏移 1/8"（0.3，即拉孔處理），在此定位鑽頭**（9b）。

9a

榫頭上的插銷孔要往肩部偏移大約 1/8"（0.3），插銷插入時才能把接合部拉緊。

9b

大木作業提示

把大木表面所有可見的鉛筆記號擦掉或刨掉，讓外觀看起來清潔。把材料移到「處理完成」的堆置區之前，在端紋處標示清楚，並以鉋刀在邊緣輕輕倒角。最後這個步驟能夠防止大木在運輸過程中碎裂。

拉孔

有一些大木構架會製作拉孔，藉由讓榫眼和榫頭上的插銷孔稍微偏移而拉緊接頭。其他有些構架則會避免拉孔，因為拉孔需要額外的作業和考量。這是一項傳統做法，卻也讓許多木工新手感到困惑。拉孔會使插銷在穿透榫頭時輕微彎曲，因而在打穿的過程中將接頭拉緊貼合。當大木收縮後，插銷就會有如彈簧一般使接合部保持緊密。利用手拉器（come-along）拉合的構材在鑽孔時如果沒有做拉孔處理，就不可能變得更加密合，而且接頭在榫眼構材收縮時也會隨時打開。

不管對應的是哪一種拉孔，插銷的其中一端都會明顯地削窄，如此一來，當榫頭中的開孔因偏移而分離時，插銷的尖端才能去找到較遠端的開孔。有一部分的插銷孔會因為美觀或其他原因而受到遮蓋；但一般做法是讓插銷的錐形端穿到最遠端而填滿開口、或是整根插銷的直徑完整地從出口側穿出。

有時候，插銷孔的拉孔必須往兩個方向偏移，像是在傾斜的構材，例如斜撐及椽條上。有關這種拉孔的想法是，你希望榫眼構材往哪個方向拉動，就在視覺上呈現出來，將榫頭上的開孔往該方向偏移。使用直角規來丈量插銷的放樣位置；以直角基準法則來說，傳統上，插銷孔要距離榫肩 1-1/2" 或 2"（3.8 或 5）並置中對齊。

以 3/4"（1.9）的插銷來說，軟木的拉孔偏移距離會稍微大於 1/8"（0.3）；1"（2.5）插銷的偏移距離則會稍微小於 1/8"，不會彎曲那麼多。如果榫頭在插銷孔的後方有施作充足的收尾（大於 3"〔7.6〕），拉孔的幅度就可以處理得比短榫更大。硬木的拉孔幅度要比軟木輕微一些。大多數的新手都會做出過度的偏移量，所以最好在一開始先試著接合一些接頭，來實驗適當的做法。

在組裝的過程中，務必從每一個接合部的插銷孔中看進去，確認插銷孔是不是只有稍微偏移，而且施作在正確的方向。如果可見的插銷孔小於整體比例的 2/3，你要利用一把 1/4"（0.6）規格的長鑿刀來加長它，或在插銷上削出一根很長的尖錐。如果可見的開孔小於整體比例的一半，或者拉孔方向有誤，那最好拆開接頭，將榫頭上的開孔上膠後塞住，再重新鑽孔。

在兩個方向上拉孔

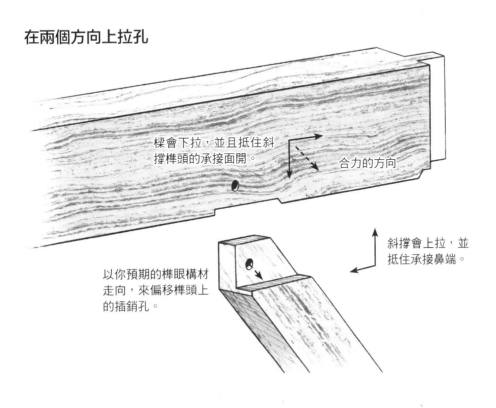

樑會下拉,並且抵住斜撐榫頭的承接面開。

合力的方向

以你預期的榫眼構材走向,來偏移榫頭上的插銷孔。

斜撐會上拉,並抵住承接鼻端。

理想的拉孔

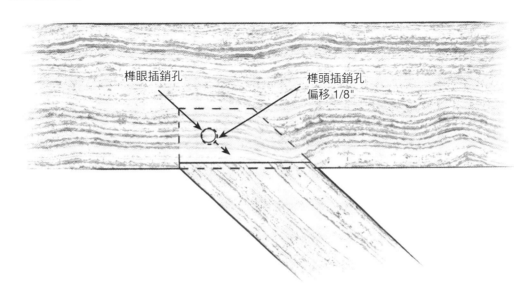

榫眼插銷孔

榫頭插銷孔
偏移 1/8"

直角基準法則中的接合設計經驗法則

大木構架設計者會依循一些關鍵的基本原則來設計接頭。本書已經幫你準備好的許多設計面的工作（例如第6章會提供榫頭的長度）。不過，對構架如何組織起來有個大致的概念還是很重要。如果你要變化核心構架，這些規則會很有幫助。

➔ 所有木作接頭設計的最主要原則之一，就是將榫眼和榫頭鋸切成形，讓它們各自與其對應構件的紋理走向平行。因此，榫頭長向必須是大木端紋的延續，並且不會形成所謂的「短」紋而偏離出角度。榫眼的長度方向應該平行於大木的（長向）木紋；就算以一個開孔切斷了木紋，也不會讓大木削弱太多，因而能沿著同一條線開鑿多個開孔。只是，這些「原則」都有例外，但背後一定會有好的理由。

➔ 榫頭有長度、寬度、和厚度之分；榫眼有深度（與榫頭的長度相同）、長度（與榫頭的寬度相同）、和寬度（與榫頭的厚度相同）之分。榫頭的寬度通常就是大木的完整寬度，因此要接合的榫眼也會是相同長度，而且榫頭會整個滑過凹槽。大木構材的末端是例外，像是我們會在地檻和桁樑位置的榫眼留設 2"（5）的收尾，榫眼才不會在端部露出。榫頭的鋸切也必須加以配合（如左圖的支柱）。

榫頭的尺寸

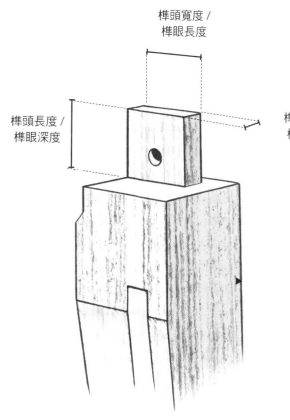

榫頭寬度 / 榫眼長度

榫頭長度 / 榫眼深度

榫頭厚度 / 榫眼寬度

◉ 榫眼在配置時，要方便操作者能夠垂直於大木構材的表面進行鑽孔。舉例來說，斜撐上的榫頭從一個斜角接入，與肩部形成 90 度角而「卡住」，榫眼的承載端因而變得方整（詳見 P.92〈斜撐榫眼的放樣〉）。你很少會見到銳角造型的榫眼，因為那並不好鋸切，但你會見到鈍角造型的榫眼（例如斜撐榫眼的非承載端部）。

◉ 只有要插入非參考面的榫頭構材才須做退縮處理，以形成尺寸較小的內部理想材。因此會將凹槽施作在榫眼構材的非參考面上。如果榫頭構材要插入參考面，那麼榫頭的肩部可以鋸到榫眼構材的表面。要接入地檻參考面（頂面）的支柱底部，其短胖的榫頭就是一例。某些具有特殊美學考量的案例甚至會希望將凹槽製作在參考面上，這樣外觀就能跟對向一致。分別從相對方向接入支柱的斜撐或圍樑榫頭就是屬於這一類。

◉ 榫眼寬度（榫頭厚度）約莫應該落在榫眼構材（較小的斷面尺寸）寬度的 1/4，但不超過 1/3。因此厚度 5" 到 8"（13 到 20）的大木，榫眼要有 1-1/2"（3.8）寬。除非大木厚度超過 8"，否則不會搭配 2"（5）寬的榫眼。一般來說，厚榫頭的優點還是敵不過寬榫眼所帶來的損害（削弱大木的強度）。

➜ 榫頭在實際裁切時會短於標稱尺寸 1/8"（0.3），而榫眼可以製作得稍微深一點，避免在接合組裝時出現阻礙。在支柱底部，榫頭的標稱長度是 2"（5；實際則是 1-7/8"〔4.8〕）。這些榫頭是用來定位支柱、不施作插銷，它們的功用不在於穩固構架；相反地，這個工作由重力、以及釘定的外覆層共同承擔。支柱頂部的（標稱）榫頭長度是 4"（10）。斜撐上的榫頭、4x5 牆體的圍樑、以及門柱頂部榫頭的（標稱）長度是 3"（7.6）。中央樓版格柵的（標稱）榫頭長度則是 5"（12.7）。

➜ 所有插銷孔都會配置在榫頭寬度的中心，並且偏離肩部 1-1/2"（3.8），除非特別標註。插銷的直徑通常是榫頭厚度的一半，因此我們會在 1-1/2" 厚的榫頭上使用 3/4"（1.9）的插銷。不過，我們會在厚度維持 1-1/2" 不變的較大型榫頭（長度或寬度超過 5"）上採用 1"（2.5）的插銷。在這個構架中，只有地檻的榫頭（5" 長）和繫樑上的貫穿楔入半燕尾榫採用 1" 插銷。在任何大木構架的接頭中，插銷應該要接觸到榫眼的兩面，至少達到榫頭的厚度。在本書示範構架中，所有插銷都會貫穿榫眼構材。而就某些狀況來說，例如當桁樑和繫樑位在同一水平面時，插銷會碰到另一根大木而不再往前延伸。此時，你必須根據相對應的榫眼和榫頭來移動置中的插銷，藉此避免插銷互相碰撞。我們有足夠的空間可以把插銷分別往相反方向移動 3/4"（1.9）。

插銷的干擾

由於這些木栓都位在同尺寸榫頭的中心點，彼此會相互干擾。為了避開這種情況，要將木栓分別往不同方向偏移 3/4"（1.9）。

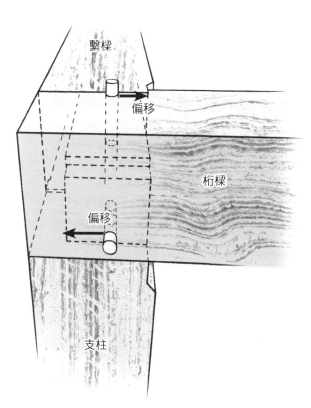

繫樑

偏移

桁樑

偏移

支柱

6/小型大木構架專案

本書所指的12'x16'大木構架「核心」案例，是以建築師暨大木構架建造者傑克・索邦設計的花園小屋為基礎，這在他《大木構架施工》（Timber Frame Construction）這本著作中有相關的描述。我們在大木的尺寸和配置上做了一些變化，不過傑克書中深入解說仍是很好的參考。我們首先會說明整體構架的平面和剖面，呈現相關尺寸和要使用的大木清單，然後逐一檢視構架中的每一根構材，並解說其接合細節。

構架規範

本書的構架是針對特定規範而設計，這些規範可能會因為你的所在地、以及取得木材的方式而有所不同。規範如下：

- ❯ 大木樹種：東部白松〔北美喬松〕，
  等級：二等材或更佳打等級

東部白松的設計數值

- ❯ 纖維的彎曲應力（fb）：每平方英吋 575 磅 [psi]（樑和縱桁）、每平方英吋 450 磅 [psi]（支柱與大木）
- ❯ 平行於木紋的剪力（fv）：125 psi
- ❯ 彈性模數（E）：900,000 psi

你可以改用數值相近或較高的樹種來替代。多種東北樹種的設計數值、以及分等的量測特性都可以在東北木材製造商協會（NeLMA）的《東北木材標準分級規範》中找到（詳見書末〈參考資源〉）。

載重

- ❯ 靜載重：每平方英呎 10 磅（psf）
- ❯ 地面層的活載重：40 psf
- ❯ 閣樓的活載重：30 psf
- ❯ 積雪載重（屋頂）：50 psf

圖面

製作核心構架要看的第一張圖是構架的爆炸圖（exploded frame view）。這張圖以視覺方式呈現出構架中的所有大木，幫助你避免在鋸木架上施作構件時犯錯，它是僅次於製作構架模型的大事。要注意的是，我們在圖中指定了視角方向（從西南角看過去）。雖然這會依據你的建築基地而有所不同，但這張圖清楚告訴我們該如何依據材料的位置來標記木材。通常我們會從北側和西側開始標記（如果不是外部或是頂部的話，也會指定參考面）；不過只要你保持一致，也可以選擇任何一種標記系統（詳見 P. 51〈標記構架〉）。

再下一張圖（詳見 P. 82）則是直接從上往下看的樓版構架平面圖。有關製圖的其中一項規則是，每樣東西都只描述一次，以求圖面的乾淨；因此你會發現某個尺寸可能不會在其他地方再次出現。之後，如果你對構材的位置感到困惑，那就看看它的尺寸是不是已經標在

構架爆炸圖

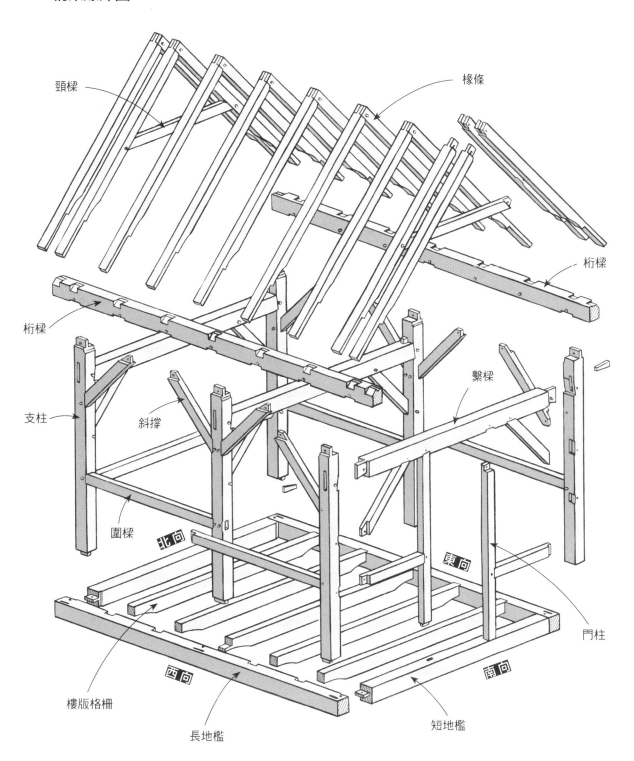

頸樑

椽條

桁樑

桁樑

支柱

斜撐

繫樑

圍樑

北向

東向

門柱

西向

南向

樓版格柵

長地檻

短地檻

另一張圖面上。這張平面圖呈現的包括構架的整體尺寸、樓版格柵的間隔、從長地檻外部到樓版格柵凹口背部的距離、以及到中央支柱與門柱參考面的尺寸。注意，中央跨架的尺寸是測量到它的北側表面，門柱尺寸則測量到門口的內側，這也正好指出了這些構材的參考面。支柱的榫眼也在這邊表示出來。圖中以虛線表示的剖切面 A、B、1、3 是將建築物垂直切開，分別呈現面對 A、B 牆面 A 和 B、或是 1、3 跨架的視角方向。

　　接下來的四張圖是縱向和橫向的剖面圖。剖面圖 A 是順著圖的標示方向從建築物內部向外望。相較於立面圖（從建築物外部看的圖），我們會更善用剖面圖來表示，藉此看清楚大木構材。深色區塊是直接朝向觀看者的大木，並且代表末端木紋。其他還有一些也很明顯朝向觀看者的大木，像是斜撐和椽條，因為並不露出端紋所以在圖面上不會加深。剖面圖還說明了其他必要的尺寸，例如到桁樑、繫樑、和牆面圍樑的高度；斜撐和椽條的長度；椽條的間距；屋頂的斜度；以及屋頂懸挑的長度等。

樓版

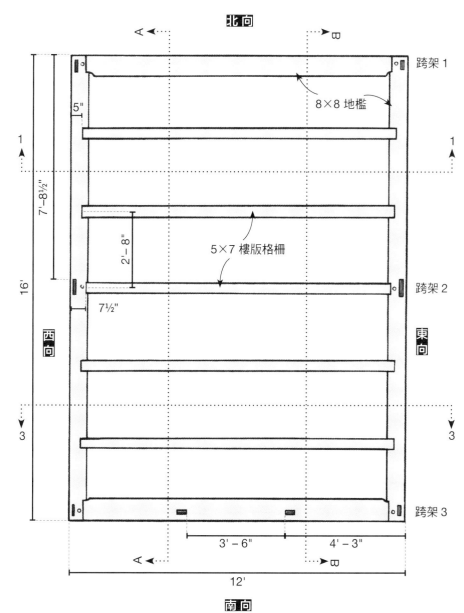

西向縱剖面（剖面圖 A−A）

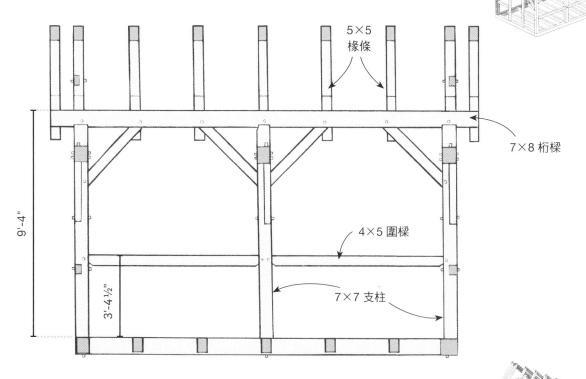

5×5
椽條

7×8 桁樑

9'-4"

4×5 圍樑

3'-4½"

7×7 支柱

東向縱剖面（剖面圖 B−B）

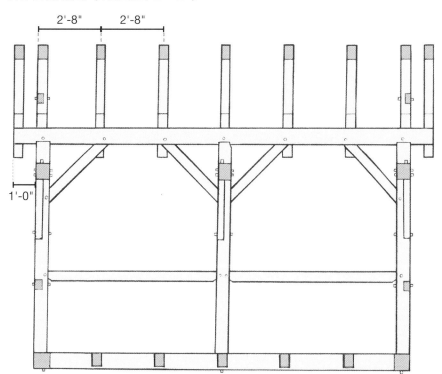

2'-8"　2'-8"

1'-0"

北向橫剖面（剖面圖 1-1）

屋頂斜度：

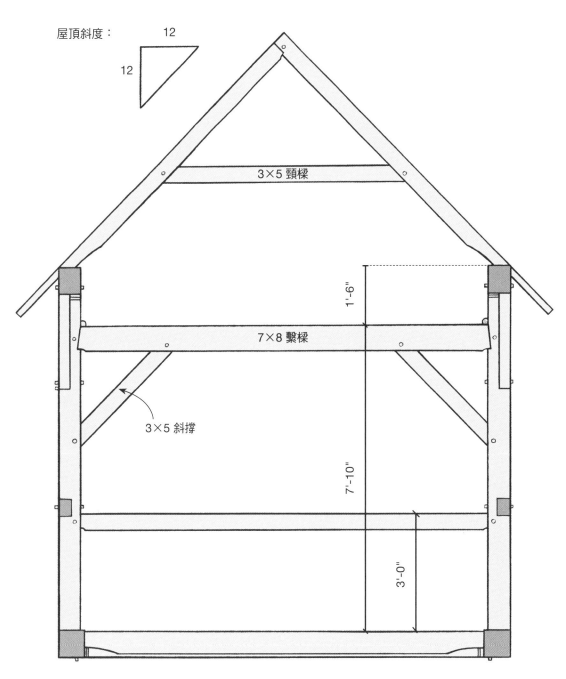

12

12

3×5 頸樑

1'-6"

7×8 繫樑

3×5 斜撐

7'-10"

3'-0"

南向橫剖面（剖面圖 3-3）

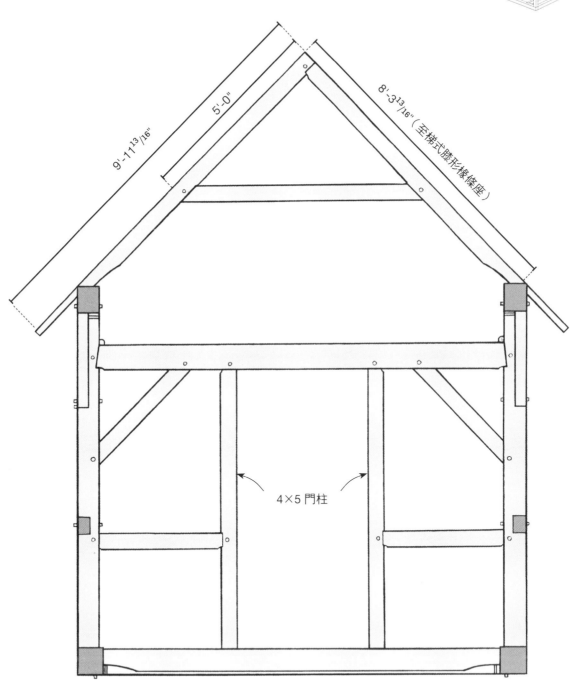

9'-11¹³/₁₆"

5'-0"

8'-3¹³/₁₆"（至梯式膝形象條座）

4×5 門柱

大木清單

這張表格提供的是製作書中核心構架所需的大木清單，你可以拿它向鋸木廠訂購大木。插銷可以手工製作（詳見 P.124〈製作插銷〉）、或向廠商訂購（詳見書末〈參考資源〉）。

表中提供的版呎數（BF，board foot 的縮寫）是為了協助你估算立起跨架時的重量：東部白松生材每一版呎重約 3 磅（1.36kg）；以每一版呎 6 磅（2.72kg）來計算橡木生材。藉由總版呎數字來判斷卡車或拖車在運輸時的承載量。版呎的計算如下：

版呎 = 寬度（英吋）x 深度（英吋）x 長度（英呎）x 數量 /12

記住，每單位版呎等於一塊面積 12 平方英吋乘以 1 英吋厚的木材體積。

現在讓我們來看看構架中的每一根構材及其接合部的細節。對於那些相同且可以交替使用的構材，我們只考量其中一種構材的議題；而對於那些相似卻有些微不同變化的構材，我們會說明當中的差異。

每一根構材首要決定的是肩到肩的長度。我們會假設，大木不會小於其標稱尺寸 1/2"（1.3；超過標稱尺寸則沒問題）。因此，我們會以低於標稱尺寸 1/2" 的方式來認定內部理想材。

核心構架的大木清單

木材類型	標稱尺寸（英吋）（寬度X深度）	數量/長度（英呎）	BF（版呎）
地檻	8×8	2/12, 2/16	299
繫樑	7×8	3/12	168
桁樑	7×8	2/18	149
支柱	7×7	6/10	245
樓版格柵	5×7	5/12	175
椽條	5×5	18/10	375
牆面圍樑	4×5	5/8, 1/12	87
門柱	4×5	2/8	27
頭樑	3×5	2/10	25
斜撐	3×5	7/10*	87.5
總計**			1637.5
插銷		直徑1"（12根）；直徑3/4"（75根）	
硬木楔	在8"的長度範圍內，寬邊從2-3/4"縮為3/4"。	6/12"	製作比1-1/2"稍窄的楔塊

*每根10'的斜撐構材會產生讓兩根斜撐挫屈的力量

**這個總計數字將幫助你釐清立起跨架時的重量，加總重量可以判斷運輸時的貨車或拖車承載量。東部白松生材每版呎重量約3磅；橡木生材則為2倍。

地檻

長地檻

　　兩根長地檻均為 16' 長（488，完成尺寸）且各有 10 個榫眼。兩個位於端部的榫眼是為了固定短地檻的榫頭。頂面的三個榫眼則是為了固定支柱底部的短榫榫頭，其長邊要放樣在平行於外部參考面並退縮 1-1/2"（3.8）。這些榫眼因為要配合參考面，無須施作凹槽。

　　一如短地檻的榫頭，長地檻要在外側留設 2"（5）的收尾以承接角柱的榫頭，不過中央支柱的榫頭可以保留全寬。

　　在這裡我們學到一個重要概念：儘管支柱底部因為要設置在參考面上，而不需做出退縮部位以插入凹槽，但榫頭本身的寬度仍要縮減至內部理想材的尺寸。

　　至於在支柱上，它會距離參考面 6-1/2"（16.5）。當你放樣這些榫眼時，你不會知道標稱 7"（17.8）的支柱實際上到底是 7"、6-7/8"、或是 7-1/4" 寬……不過如果你都以 6-1/2" 來裁切榫眼和榫頭，就能符合所有構材尺寸的需要。注意看圖面，中央支柱的尺寸標記在構材的北面，也就是這些支柱的參考面，代表用來承接支柱底部（和頂部）榫頭的榫眼將從此處起算（詳見 P. 94 下圖中的中央支柱頂部細節）。

　　長地檻的其他五個榫眼是為樓版格柵而設，其中四個是要嵌入樓版格柵的簡易凹口，放樣位置要距離外側 5"（12.7）。

　　如圖，正中央的樓版格柵採用暗榫形式的榫眼和榫頭，它做為繫結格柵，在鋪設樓版之前用來拉合構架，也確實能夠將長地檻稍微弓起的部分拉直。樓版格柵的凹口以中心距離 32"（81）逐個放樣；而構材上的第一個和最後一個間隔的長度都是從構架外部量到第一根樓版格柵嵌入凹口中心點的長度。

　　雖然直角基準法則指示我們要從樓版格柵的北面開始放樣，並將個別寬度都

長、短地檻

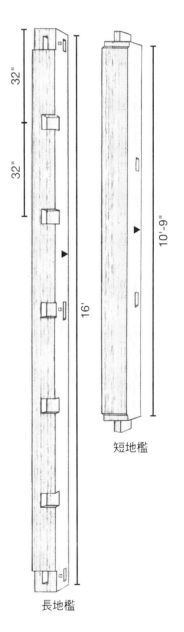

短地檻

長地檻

縮減到 4-1/2"（11），但這可是很繁重的工作，因此我們會在這裡第一次破例來進行。當我們有多根可以交替使用的構件，例如樓版格柵和椽條，我們會先查看它們的寬度差異。舉例來說，假設樓版格柵都在標稱尺寸 5"（12.7）增減 1/8"（0.3）的範圍內，只不過其中有一根寬 5-1/8"（13），而其他都是 5" 寬。在這種情況下，與其將所有構材都縮減至 4-1/2"，不如把所有凹口都做到 5" 寬，並將較寬的那根構件刨平或輻刨至 5"。但如果只有一根寬 5"、其他都是 5-1/8"，我們會將所有凹口都做到 5-1/8" 寬，並使較窄的這根構材稍微鬆一點（樓版會抓住它）。一旦你決定好凹口的寬度，就將它們配置在中心放樣線的中央。

使用手工鋸來鋸切嵌入式樓版格柵的凹口側邊，在削切凹口側邊、底部和背部之前，先將不要的木料鑽出。樓版格柵凹口的背部不太重要（但無論如何，樓版格柵都要裁得稍短一點以留出縫隙）；重點是底部要平整、深度要正確，樓版格柵才會有足夠的承載面，且不會高於或低於樓版的參考面。記得要經常使用設定在 4-1/2" 的複合式尺規來確認。

短地檻

短地檻的肩到肩長度為 10'9"（328，12' 減掉兩端分別與長地檻相接部位的 7-1/2"）。放樣時，會再加上標稱 5"（實際 4-1/2"）長的榫頭（肩到肩長度很關鍵）。跨架 1 的北向地檻包含一個榫頭，地檻的兩端會縮減；而跨架 3 的南向地檻除了比照北向地檻之外，還多了專為門柱短榫施作的榫眼。上述部位的放樣作業跟其他支柱榫頭一樣：長邊平行於外部參考面、且距離參考面 1-1/2"（3.8），標稱深度 2"（5）。如樓版構架平面圖所示，門柱的參考面是外部面和門開口的內緣，門柱標稱 5" 寬，所以榫眼長 4-1/2"，且其中一端落在參考線上。再次說明，這邊會插入參考面，所以不需要施作凹槽。

完成以後，要把構材標記為地檻。最後補充一點：地檻尺寸設定為 8x8 不僅有結構上的原因。地檻比支柱大 1"（2.5），因此在支柱底部的周圍會設一個架台來支撐樓版。

樓版格柵的接合部

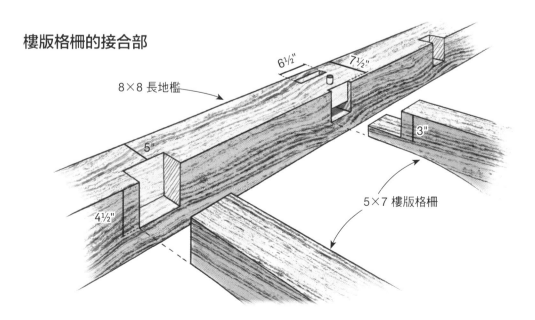

8×8 長地檻

$6\frac{1}{2}$" 　 $7\frac{1}{2}$"

5"

3"

4½"

5×7 樓版格柵

樓版格柵凹口的放樣與鋸切

1 從控制點出發，向外量測每一個凹口的側邊，然後延續到地檻的內面、向下畫線 4-1/2"。

2 在地檻頂面，從稜線往內量測 5"，標記為嵌入式樓版格柵的凹口背線（正中央樓版格柵的凹槽則應向內量測 7-1/2"）

3 裁切凹口的側邊，從一角切到另一角，藉此盡可能地保留端紋。

4 從頂面鑽出凹口的背部，小心不要鑽得太深，因為底部要做為樓版格柵的承載面。

5 鑿除剩下的木料。

6 以複合式尺規檢查側面的平整度和深度。

樓版格柵

嵌入式樓版格柵的末端切面方整（榫頭不做肩部），其端部到端部的長度是 11' 又 1-3/4"（340；12' 減掉 5" 再減掉 5"，之後兩端再各減掉 1/8"，以免卡到凹口的背部）。

為了要完整插至地檻內側，樓版格柵的端部高度要縮減至 4-1/2"（11，從頂部參考面算起），且縮減部分的長度要延伸 4"（10），並在接下來 10" 到 12"（25 到 30）左右的區段逐漸彎曲，使樓版格柵恢復到完整的深度（7"〔18〕）。這個做法有其結構目的：如果凹口比較深，會使地檻強度下降得太多。樓版格柵的彎曲應力在中央處最強，因此我們可以縮減端部斷面尺寸而不危害構材的強度。此處的縮減是漸進的，如此才不會讓剪力集中在某點（端部的應力最大），銳角型凹口就會遇到上述這種情況。當應力能夠透過 45 度角凹口適度地降低時，我們就可以透過漸進的退縮來分配更多應力。

這個彎曲部位可以利用手工鋸或框鋸來施作（在矩形框架內裝可調式窄版刀片，有點像是大型弓鋸）來施作。不過，使用斧頭和扁斧會更快。如果你想要某處有比較平整的外觀（好比通常會外露的閣樓樓版格柵；而木地檻上的樓版格柵大概都不會外露），它的曲度可以利用輻刨來細修。你可以自行製作符合扁斧的放樣版，用以放樣曲線。

正中央的樓版格柵和短地檻等長，榫頭也一樣（4-7/8"〔12〕）。這些都是露面榫頭（barefaced tenon），意思是，榫頭與構材本身的其中一側齊平，而不是兩側都設有榫肩。在這種情況之下，既然榫接齊平於樓版格柵的底面，也被稱為底面榫頭（soffit tenon）。記住，地檻上的榫頭和樓版格柵在削窄時，只能施作在非承載面（頂面）和側面，不能在底部。底部的全長必須完整保持從樓版格柵頂部算起 4-1/2"（11）。利用直角規來檢查。

由於嵌入式樓版格柵可以交替安裝，且只有正中央樓版格柵做出榫頭，因此不需要進行標記。

嵌入式及中央樓版格柵

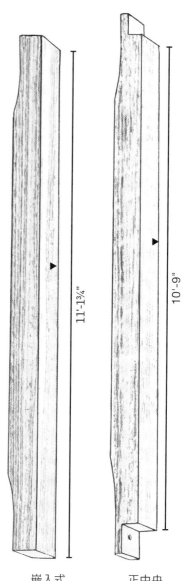

11'-1³/₄"　　　10'-9"

嵌入式　　　正中央
樓版格柵　　樓版格柵

樓版格柵鋸切

1 使用斧頭或鋸子去除大部分的木頭。

2 使用較為精細的工具來處理比較靠近劃線處的部位：扁斧。盡量貼近劃線來進行切邊。

3 樓版格柵最末端約 4"（10）要呈平直，以便緊貼凹口。

4 使用輻鉋將接頭的側面刨出斜角，到劃線的位置為止，做為你修整其他面時的可見導引線。

5 使用輻鉋做最後的修整，直到邊緣的斜面不見為止。切記，這是承載面，所以準確度很重要。

6 如果你的輻鉋夠鋒利，完成的接頭會令人很滿意而且優雅。這個區塊最好是乾淨、沒有樹節的木頭。

支柱

支柱也許不是有最多接合部的構件，但其接合部的變化最多，包括用來接合繫樑、斜撐、和圍樑的榫眼，而且每一端都有榫頭。

支柱的肩到肩長度是8'8-1/2"（265），這個數字是將樓版到桁樑頂的高度9'4"（284），減去桁樑內部理想材的高度7-1/2"（19）。放樣時，還要額外加上短榫榫頭的1-7/8"（4.8），以及頂榫頭的3-7/8"（9.8）。

底部的短榫榫頭應該要完全鏡射地檻中的榫眼；頂部的榫頭也是如此，除非是更長的榫頭。而且如果桁樑懸挑在角柱之上，如右上圖（你可以自由選擇這裡的做法），那就沒有理由在頂部的榫眼施作收尾——角柱的榫頭寬度可與縮減後的支柱頂部同寬，就像正中央支柱一樣。榫頭的四個面都不承重，因此可以全部削窄。

短榫榫頭不會插入插銷，因為重力、以及牆面的外覆層會將建築物往下穩固住。不過，如果你的構架會保持敞開且只用一片屋頂蓋

住，這些榫頭就要做成4"（10）長，並以插銷固定。而連帶地就會需要將地檻的榫頭降低1"（2.5），以防止跟支柱底部的榫頭相互干擾。頂部榫頭的插銷孔要放樣在距離榫肩1-1/2"（3.8）且置中的位置，同時要靠近構材的參考面，因為榫頭插銷需做拉孔處理。

斜撐榫眼的放樣

在我們的構架中，所有斜撐都是「30"」（76）長，亦即這些斜撐構成直角三角形的斜邊，而這個三角形的另外兩邊長各為30"（詳見P.106）。直角邊都是根據其內部理想材來量測。

支柱到桁樑，以及支柱到繫樑的斜撐榫眼也會以同樣的方式在所有的支柱上進行放樣。次頁圖中指出了斜撐如何與支柱相接，再藉由下列方式將測量值轉換到構材上：在支柱上，從支柱與繫樑或桁樑相接的接合部肩部往下30"來做記號，從外側參考面量進來，畫一條

支柱 3A

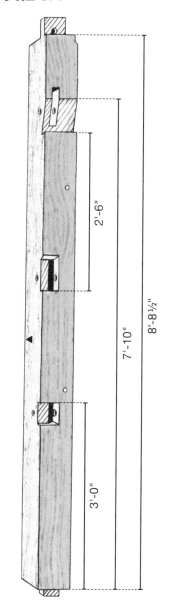

2'-6"

7'-10"

3'-0"

8'-8½"

垂直線到內側表面，表示斜撐的承載鼻端。以標稱寬度 7"（17.8）的支柱來說，這條線應該從參考面向內延伸 6-1/2"（16.5）（如果在 8"〔20.3〕深的繫樑和桁樑上，則會從樑／桁樑的頂面往下延伸 7-1/2"〔19〕）。不要沿著構材內緣（非參考面）量測；而應沿著內部理想材垂直往下劃線，並且平行於參考面，然後再繞回你所測量的 30" 接合部。這裡非常容易弄錯方向：記住，30" 指的是到斜撐構材遠端的距離。這條線會成為凹槽的長邊，同時也代表榫頭的肩部。

　　凹槽要能夠裝得下最寬的斜撐，斜撐構材才可以交替使用。這麼做違反了我們運用直角基準法則時的一貫做法：通常我們會將帶有榫頭的構件縮減到較小而一致的寬度，但因為在一般構架中有非常多的斜撐，改成將凹槽施作得比較大而一致，會省去很多的工作（詳見 P.109）。這個做法會使斜撐較窄的位置出現一點縫隙，但這並不是載重點，而只是直

斜撐榫眼的放樣

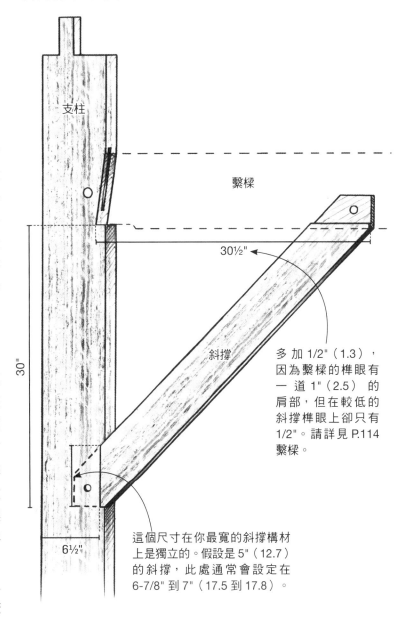

支柱

繫樑

30½"

斜撐

30"

6½"

多加 1/2"（1.3），因為繫樑的榫眼有一道 1"（2.5）的肩部，但在較低的斜撐榫眼上卻只有 1/2"。請詳見 P.114 繫樑。

這個尺寸在你最寬的斜撐構材上是獨立的。假設是 5"（12.7）的斜撐，此處通常會設定在 6-7/8" 到 7"（17.5 到 17.8）。

利用複合式尺規進行斜撐榫眼的放樣

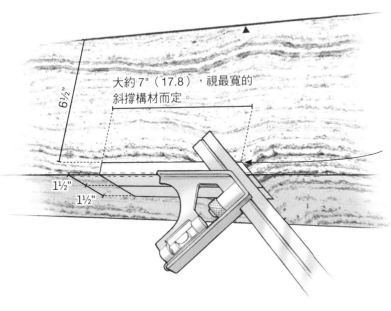

大約 7"（17.8），視最寬的
斜撐構材而定。

6½"

1½"

1½"

利用複合式尺規從 7" 位置畫一條
45 度的斜線。這條線要在哪一點離
開構材的非參考面，則視構材的寬
度而定。

斜撐凹槽與中央支柱

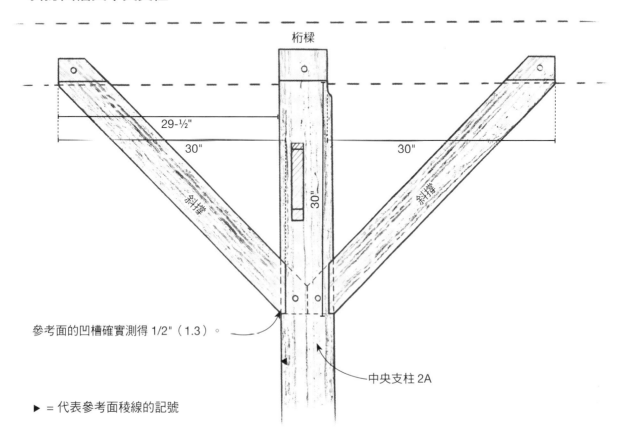

桁樑

29-½"

30"

30"

30"

斜撐

斜撐

參考面的凹槽確實測得 1/2"（1.3）。

中央支柱 2A

▶ = 代表參考面稜線的記號

角基準法則中的一種修飾手法。在最寬的木料上試著放樣斜撐，找出適當長度；5"（12.7）的構材，凹槽通常會設定在 6-7/8" 到 7"（17.5 到 17.8）左右（詳見 P.93〈斜撐榫眼的放樣〉）。利用複合式尺規的 45 度角柵板，從這一點畫線到表面。

斜撐的外部面要與支柱、繫樑、桁樑外側的參考面齊平，因此對應斜撐的凹槽要放樣在相鄰面內的 3"（7.6，從外部參考面算起）位置，且內部有 1-1/2"（3.8）會施作成榫眼（斜撐寬度通常是 3"）。不要把這些凹槽線一路地畫到構材的內側面，否則你可能會失手裁掉它。雖然斜撐的上端是以 45 度角插入，你仍然可以從 90 度角鑿入，一直開鑿到凹槽 45 度角的起始位置。安裝斜撐之後會出現一道空隙，不過那並非承重面，而且在它下方已經沿著紋理形成破壞。建議你最好不要把角度調到垂直，因為這可能在插入斜撐時造成干擾。

構架的每一道長邊都會有一支斜撐插入中央支柱的北向參考面，並往上延伸到桁樑。這特別花心思，因為斜撐要插入參考面，支柱上的斜撐凹槽要確實以 1/2"（13）來量測；要插入這一面的圍樑也要有相同深度的凹槽。既然支柱頂部的參考面不做縮減 1/2"（雖然你也可以這麼做），那麼斜撐在桁樑上的放樣就比照從支柱凹槽所量測的，在參考面必須調整至 29-1/2"（75），我們稍後會討論。

楔形半燕尾榫

構架中最複雜的接頭是用來接合繫樑與支柱的楔形半燕尾榫，這是大木構架中最堅實的拉力榫頭之一，專門為抵抗屋頂外推力而設計。

燕尾榫眼是一個貫穿性榫眼。要在支柱放樣這個榫眼，必須先找出做為繫樑頂部的控制點，相關尺寸如圖示（自支柱底部榫肩算起 7'10"〔238〕），在稜線上做記號（你在配置接合點的時候應該就已經完成這個工作），然後移開捲尺、換用直角規把剩餘的接合尺寸放樣出來。

楔形半燕尾榫

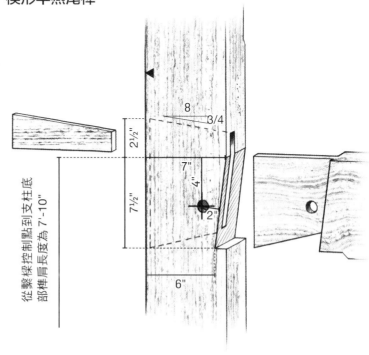

從繫樑控制點到支柱底部榫肩長度為 7'-10"

1 轉動構材，讓沒有榫眼的參考面向上（詳見細部圖），把直角規放在稜線上，抓住 7-1/2"（19）的位置對準控制點。在稜線上標記，代表縮減後的繫樑底部，然後將這個點轉換支柱內面（不裁切的不要劃線）。不要移動尺規，**標出繫樑的承載肩部**。這是標稱 1"（2.5）的肩部，不過從稜線量過去的長度是 6"（15）；你不會想以非參考面為基礎往回量。

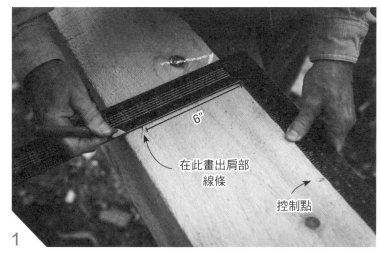

6"

在此畫出肩部線條

控制點

1

2 回到控制點，**利用直角規在構材內側轉換另一個 7"（17.8）的記號（2a）。** 雖然你的構材標稱有 7" 寬，不過實際上如果比較寬，那這個點會落在邊緣上；或者如果實際窄於 7" 時，這個點也許就會落在面外。無論如何，7" 都會在你的直角規上。

　　把這個點連接至步驟 1 所劃記的 6" 記號，畫出接合部的縮減凹槽（2b。如果構材比較窄，這條線會超出構材內緣而跑到 7" 下方；如果構材寬於 7"，你要延伸這條線，讓線條稍微超出構材）。從所有稜線上的點劃直線、

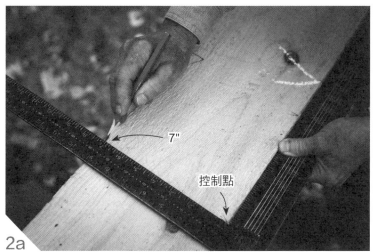

7"

控制點

2a

2b

3 放樣至背部的參考面（榫眼所在的其中一面）。再以同樣的方式將凹槽放樣到另一面。**橫跨內側的非參考面**（榫眼所在的其中一面），**將相關聯的點連接起來**。如果內面不平整，就表示凹槽頂部的線條會歪斜，不過當你切割凹槽時，凹槽座還是會垂直於參考面。這個概念很難視覺化，使得燕尾榫成為構架中最複雜的接合部。我們可以這樣總結：在不平整表面上的任一斜線都會導致斜線繞過那個面、而與對向相應的放樣相接（詳見右圖）。

3

燕尾榫的榫眼細部圖 1

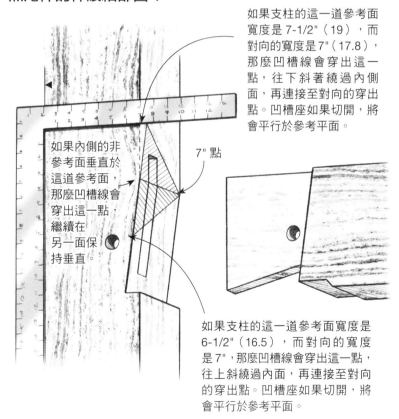

如果支柱的這一道參考面寬度是 7-1/2"（19），而對向的寬度是 7"（17.8），那麼凹槽線會穿出這一點，往下斜著繞過內側面，再連接至對向的穿出點。凹槽座如果切開，將會平行於參考平面。

如果內側的非參考面垂直於這道參考面，那麼凹槽線會穿出這一點，繼續在另一面保持垂直。

7" 點

如果支柱的這一道參考面寬度是 6-1/2"（16.5），而對向的寬度是 7"，那麼凹槽線會穿出這一點，往上斜繞過內面，再連接至對向的穿出點。凹槽座如果切開，將會平行於參考平面。

4 接下來，自控制點順著構材的垂直線沿著縮減的凹槽往下找到 6" 定點。其做法是將直角規上的 6" **位置對準稜線控制點，在尺舌與凹槽線交叉的地方**（4a）**做記號，**再把這點往稜線下方連接到代表榫頭底部的 7-1/2" 位置，就會顯示出代表半燕尾榫的底部斜率（4b）。我們不會在這一面進行裁切，因此為了方便稍後擦掉或磨除，僅以虛線輕輕地標出這條線。將這條線延伸到構材的內面，再一次以相同方式在相對的面上放樣，**並橫跨構材的內側面，把相關的點連接起來**（4c），這條線就是榫眼的底部。切記，如果內側面不平整，這條線就不會呈現垂直，所以你不能直接就往內側面劃記垂直線（詳見次頁細部圖 2）。

6"

4a

4b

4c

燕尾榫的榫眼細部圖 2

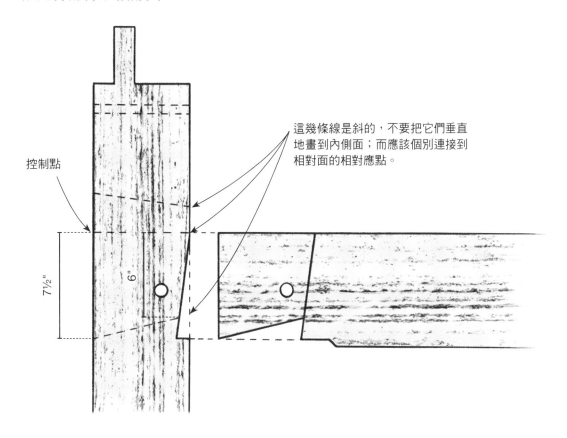

控制點

這幾條線是斜的，不要把它們垂直地畫到內側面；而應該個別連接到相對面的相對應點。

7½"

6"

5 接著要放樣的是繫樑上方要插入楔塊的榫眼位置：**以控制點為基準，在稜線上標出 2-1/2"（6.4）的位置。**

2½"

5

6 從這個點，橫跨構材輕輕地畫一條虛線，斜度是每8"（20）傾斜3/4"（2）。你可以把直角規的這兩個數字固定在稜線上。因為要配合此處放樣的其他兩條斜線，虛線穿出內緣的位置將取決於這根構材的方整程度。

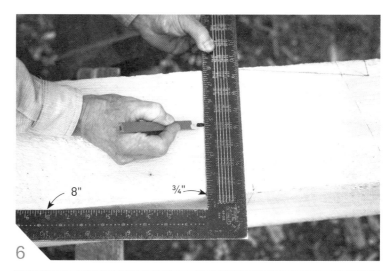

6

7 橫跨過構材的內面，將這條線轉換到對面的相應點，就能得到榫眼的頂部。

7

8 把榫眼畫成 1-1/2"（3.8）寬，距離參考面內1-1/2"。

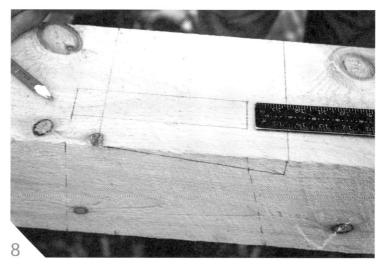

8

鋸切燕尾榫榫眼

在鋸切之前，務必針對這個複雜接合部的放樣確認兩次到三次。

1 由於這個榫眼的頂部和底部都是傾斜而呈燕尾造型，而且完全貫穿，因此要**分別從兩端以大約 1/2"（1.3）往內鑽孔超過一半**。背側則從榫眼端部鑽起，要鑽得夠遠，避免鑽到斜面上。這是假設你垂直於構材表面來鑽孔。雖然你也可以讓鑽頭傾斜、順著斜面施工，但比較容易的做法還是在垂直鑽孔之後，利用你畫在側邊、做為導引的虛線來鑿出斜面。

2 **利用直角規檢查榫眼的內部斜面**；當直角規的直邊剛好碰到你在兩面劃記的頂部和底部放樣線，而沒有下切太多，你已經成功了。利用直角規的 1-1/2" 尺舌深入榫眼的每一處來確認寬度。

3 深度要裁切至橫跨過大木內側面的底部肩部線。榫眼完成之後，**你可以使用鑿刀來移除縮減後的凹槽，稍微往外以因應收縮**。

4 在距離凹槽 2"（5）、且位在控制點下方 4"（10）的位置（如 P. 95 下圖）**放樣插銷孔**；這是一根直徑 1"（2.5）的插銷。

5 最後一個細節，利用鑿刀，**在榫眼頂部鑿出一個大約 1/4"（0.6）的斜角**，這是楔塊穿到內側的位置。如果不這麼做，因為榫眼往該點傾斜，當你敲入楔塊時可能會導致內部木料裂開。

2

5

製作楔塊

　　下圖呈現的是用來固定楔形半燕尾榫的硬木楔尺寸。製作楔塊的方法，首先是從一塊 1/4"（10.6）版材或硬質海報版上（使用線鋸或帶鋸）切割出要用的模板。然後，看看你是否能找到硬木剩料，足夠做成六個 12"（30.5）長的楔塊。如果你的工坊沒有堆放足夠的剩料，也可詢問鋸木廠願不願意幫你鋸幾英呎的硬木木料。木工廠和家具製造廠也可能供應、或把一些短剩料便宜賣給你。

　　第一步是把木塊厚度刨除（約 1/32"〔0.08〕）而稍微小於 1-1/2"（3.8）。我使用刨木機，不過也可以使用長鉋或是手工鉋來刨削。你不會想把楔塊強行壓入，因為很可能讓支柱的頂部裂開。一旦刨平木塊，在每一根構材上面放樣並且畫出楔塊的斜面。以這樣的短木料來說，雖然可以特別製作錐形治具來輔助桌鋸，不過最好還是使用帶鋸來裁切。如果你能在裁切時固定木料、或從長木料上進行裁切，徒手鋸也是可行選項。電動線鋸因為刀片會移動，通常無法在 1-1/2" 厚的硬木上好好發揮功用。

　　鋸好楔塊之後，要以磨砂機或長刨來清除裁切記號和修整不均勻的差異情形，並以阻擋刨輕輕地在邊緣和末端進行倒角處理。

　　接合部組合好後，楔塊會往支柱外凸出幾英吋。最後，對著楔塊敲擊幾下，並在設置壁版之前先把尾部切除。

圍樑和斜撐的榫眼

　　支柱上最後要放樣的是斜撐和圍樑的榫眼，它們會是榫頭的鏡射。採用圖中的尺寸，沿著稜線找到控制點，並將標記轉換到適當的面上。位在支柱非參考面的斜撐和圍樑凹槽會在距離對側參考面 6-1/2"（15）處。不過，如果參考面（例如在跨架 2 兩根中心支柱的北面）設有凹槽，那就會確實插入參考面之中 1/2"（1.3）深（詳見 P. 104〈參考面的露面榫頭與凹槽〉）。

　　注意，建築物相鄰兩邊的圍樑高度要錯開，避免榫頭和插銷之間出現在構架組立時彼此干擾。

燕尾榫楔塊

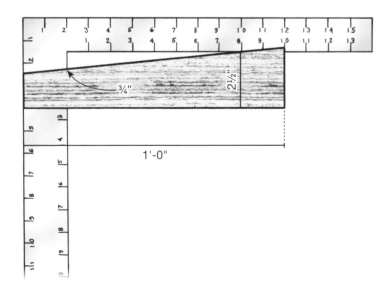

圍樑

首先，在北側跨架（跨架 1）上找到圍樑的肩到肩長度，再一次參考 P.84 的平面圖，其尺寸到兩端支柱的外部參考面是 12'（366），圍樑被框在內部理想材之間，或說是從兩端往內 6-1/2"（15），因此肩到肩長度是 10'11"（333）。

縱向牆面上的四根圍樑會出於方便而設計成相同長度，從跨架 1 的北側參考面量到跨架 2 參考面的尺寸是 7'8-1/2"（235、會在構架中心配置標稱 7"〔17.8〕的支柱）。跨架之間的圍樑要距離跨架 1 參考面 6-1/2"，但會深入跨架 2 參考面 1/2"，一如稍後 P.106 在〈參考面的露面樣頭和凹槽〉的說明。因此，肩到肩長度是 7'8-1/2" 減去 6-1/2" 再加上 1/2"，得到總長 7'2-1/2"（220）。從跨架 2 北側參考面到跨架 3 南側（外側）參考面是 8'3-1/2"（253，即 16' 減去 7'8-1/2"）。這些跨架中間的圍樑距離跨架 2 參考面 6-1/2"，距離跨架 3 的參考面 6-1/2"。肩到肩距離是 8'3-1/2" 減去 13"，即⋯7'2-

1/2"。這四根圍樑都可以互相替換，無須加以標記。

最後考慮的圍樑是跨架 3 當中用來插入門柱的兩根圍樑。我們已知從跨架外部到門開口內部的尺寸：4'3"（130），減去留給角柱的 6-1/2"，以及留給門柱的 4-1/2"（11），得出門圍樑的肩到肩長度 3'4"（102）。

所有圍樑樣頭的標稱長度都是 3"（7.6，實際為 2-7/8"〔7.3〕）。參照 P.104 參考面的露面樣頭與凹槽相關說明來決定樣頭是不是要做成露面樣頭。

圍樑（跨架 1）

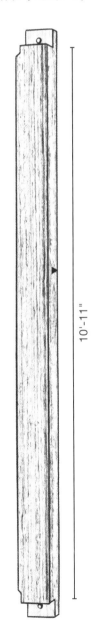

10'-11"

參考面的露面榫頭與凹槽

圍樑指的是插入支柱中間的任一水平構材，但在這裡我們用它來表示做為壁版釘接版、窗檻、和小置物架的 4x5 小構材。在組立時，圍樑也有助於結合構架。圍樑有時候會插入尺寸比較大的構材當中，例如 7x7 的支柱；有時候也會插入一些尺寸相同的構材中，例如 4x5 的門柱。

不同的榫頭種類用於不同的情況。以斜撐來說，當圍樑插入較大的構件時，會採用露面榫頭；就不需要在榫頭上鋸切兩個肩部、以及在支柱的榫眼上方施作第二道凹槽座，因此能省下相當大的工作量。當圍樑插入相同寬度的支柱（例如門柱）時，我們不會採用露面榫頭，因為這會在支柱內側形成開放式的榫眼。在這種狀況下，我們會在距離參考面 1-1/2"（3.8）的位置放樣。儘管我們仍需在榫頭上鋸出第二道榫肩，但因為可以從內部施作，相對來說會比較容易在支柱上鋸出第二道凹槽座。

假設所有圍樑尺寸至少都達到 4x5，露面就代表 1-1/2"（3.8）厚的榫頭要放樣在距離參考面 2-1/2"（6.4）的位置。圍樑寬度大於 4"（10），其內面要縮減以插入凹槽，就跟較厚的斜撐要縮減到 3"（7.6）一樣。根據直角基準法則，圍樑插入承接（榫眼）構件的部位，其垂直高度要降至 4-1/2"（11.4）。比照其他部位的縮減做法，再將肩部縮減 1-1/2"（3.8）以避開支柱的內側面。

採用露面榫的斜撐和圍樑，其前提是木料要達到標稱尺寸或更大一些，這樣就只需要稍微削減構材即可。這不只省下了在參考面的兩個相對面（圍樑的底部和內部）進行大幅度縮減的龐大工作量，看起來也不會奇怪。你可以請鋸木廠提供達到標稱尺寸或更大的木料，優良的鋸木廠通常都可以因應這樣的需求。如果少數木料的厚度小於標稱尺寸，你需要做一些處理，以免構材在榫眼中過於寬鬆。如果你有多餘的大木，也可以替換掉那些尺寸不足的木料。或是標出不好的接合部，將它的凹槽和（或）榫眼修得窄一些，以配合榫頭構件。如果參考面位在建築物外側，不管任何情況你都會希望接合部跟參考面齊平。

在中央支柱上，圍樑和斜撐構件都會插入參考面（以本書範例來說是北面）和非參考面。現在我們要打破稍早提及的經驗法則：只有插入非參考面的榫頭構件才需要縮減到比較小的內部理想材尺寸，因而將凹槽施作在榫眼構件的非參考面。不過要是斜撐和圍樑構件往支柱的兩面凸出不同長度，看起來很奇怪又不對稱。有鑑於此，我們改變做法，將斜撐和圍樑往放樣面中確實插入 1-1/2"（3.8），讓對向構件看起來彼此對稱，只是桁樑的放樣會變得有點複雜，我們稍後再來討論。你也可以選擇替代的做法，不採取如直角基準法則所指示的在放樣面上施作凹槽，這樣不至於會影響到結構，或引發美觀的問題，你只需要對這個放樣設計負責即可。

何時採取露面榫頭？

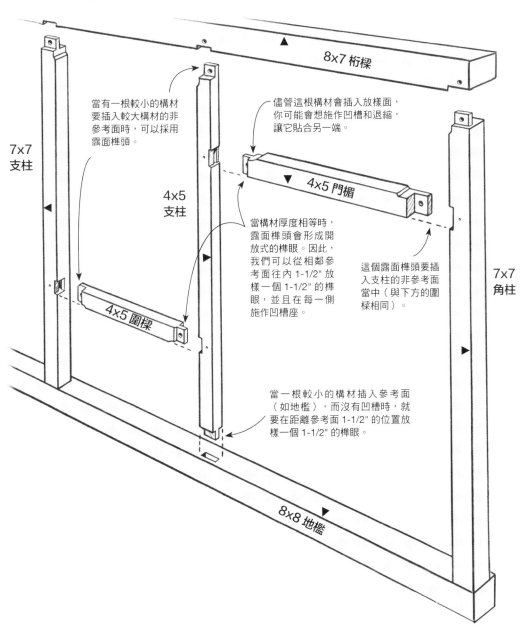

8x7 桁樑

當有一根較小的構材要插入較大構材的非參考面時，可以採用露面榫頭。

儘管這根構材會插入放樣面，你可能會想施作凹槽和退縮，讓它貼合另一端。

7x7 支柱

4x5 支柱

4x5 門楣

當構材厚度相等時，露面榫頭會形成開放式的榫眼。因此，我們可以從相鄰參考面往內 1-1/2" 放樣一個 1-1/2" 的榫眼，並且在每一側施作凹槽座。

這個露面榫頭要插入支柱的非參考面當中（與下方的圍樑相同）。

7x7 角柱

4x5 圍樑

當一根較小的構材插入參考面（如地檻），而沒有凹槽時，就要在距離參考面 1-1/2" 的位置放樣一個 1-1/2" 的榫眼。

8x8 地檻

斜撐

斜撐構件可以互換，是構架中最普遍也最重要的構件。斜撐為構件提供強度，以抵抗折斷情形，並確保構架在水平基礎上豎起時能夠保持垂直和方整。因此，放樣的正確度很重要；如果某一根斜撐的尺寸過短或過長程度達到 1/8"（0.3），構架可能就無法組合起來。斜撐是構架中最短的構件；如果需要的話，雨天時可以在室內裁切。

我們示範的核心構架需要「30"」（76）的斜撐，請記住這是指直角三角形的兩側直角邊，而不是由斜撐構成的實際斜邊長度。斜撐長一點有助於抵抗折斷的強度，不過這麼做會擋住窗戶，並降低內部的淨高（headroom）。36"（90）長的斜撐很普遍，最短則是 24"（61）。

斜撐

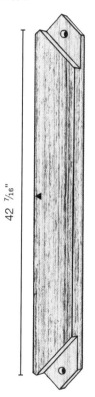

斜撐長度

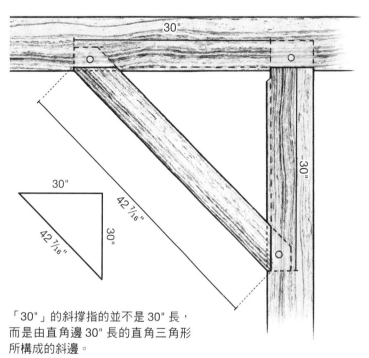

「30"」的斜撐指的並不是 30" 長，而是由直角邊 30" 長的直角三角形所構成的斜邊。

以下是斜撐的放樣程序。

1 取一根長度至少 5'（152）的 3x5 大木，在其 5"（12.7）寬的放樣面放樣後得到斜撐的肩到肩長度 42-7/16"（108）；這是 30" 直角三角形的斜邊。在兩端預留要製作榫頭的足夠長度（大概 6"〔15〕），這兩段區域內要避開樹節。請注意，斜撐底部的長邊是參考稜線。

2 在 3"（7.6）的放樣面上沿著步驟 1 劃設的線條往內量出 3/8"（0.95，這是為了製作標稱尺寸 1/2"〔1.3〕的凹槽）。3/8" 是三角形的直角邊長，此時斜邊是 1/2"（標稱的凹槽深度）。

3 如圖，利用直角規從稜線上往兩個方向分別畫 45 度角斜線，畫到步驟 2 中標記的交叉點。線條 1 是斜撐榫頭的肩部，而線條 2 是榫頭的承載面。

4 從線條 1 出發，沿著線條 2 方向平移 2-7/8"（7.3，這是為了製作標稱 3"的榫頭），劃一條與線條 1 平行的 45 度角斜線，這條線（線條 3）是榫頭的尾端。

斜撐放樣步驟 1

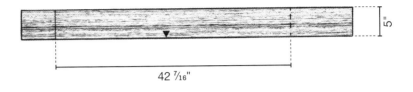

42 7/16"

5"

斜撐放樣步驟 2

3/8"

斜撐放樣步驟 3

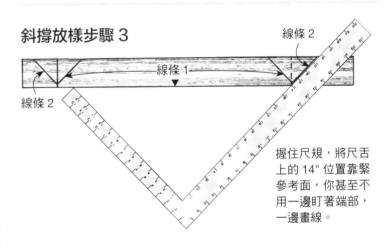

線條 2

線條 1

線條 2

握住尺規，將尺舌上的 14" 位置靠緊參考面，你甚至不用一邊盯著端部，一邊畫線。

斜撐放樣步驟 4

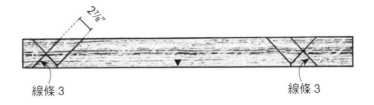

2 7/8"

線條 3

線條 3

5 先鋸切不是最關鍵的線條 3，然後鋸切線條 2（比較關鍵），要在鋸好的端部上面放樣榫頭線之前，先不要鋸切線條 1。線條 1 的肩部鋸切深度只需要 1-1/2"（3.8）。

6 移除不要的部分（深色區域）：沿著線條 1 往下鋸切深度達 1-1/2"，再從端部鑿掉、或使用縱割鋸鋸掉。

7 在距離肩部 1-1/2" 且距離承載面 2"（5）的位置放樣插銷孔；這會使插銷孔大約定位在榫頭的中央。由於斜撐會傾斜某個角度，因此這個拉孔會位在兩個方向上：在斜撐的軸線上，並且稍微往肩部偏移 1/8"（0.3）。

8 如果斜撐木料的厚度超過 3"（7.6），就要將內部的非參考面輻刨或平刨至 3"厚，至少要能夠完整深入榫眼構材的凹槽內。

9 將榫頭的頰面（寬邊）裁成錐形，但不要在承載面上做此處裡。此外，要在端部進行倒角處理。

斜撐放樣步驟 5

線條 3　　　　線條 3

線條 2　　　　線條 2

斜撐放樣步驟 6

3"　　1½"

斜撐放樣步驟 7

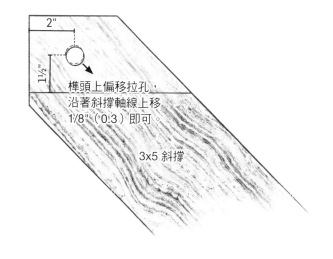

2"

1½"

榫頭上偏移拉孔，沿著斜撐軸線上移 1/8"（0.3）即可。

3x5 斜撐

斜撐放樣的另一種做法

斜撐（和頸樑）接合部的放樣看起來也許很奇怪，尤其當構架組立之後，你會在容納最寬可成立斜撐的凹槽內發現在非承載端有些微的空隙。那為什麼我們要這樣處理呢？

對今日的大木構架來說，斜撐的放樣方法有許多種。我們採用向歷史致敬的方法，也就是建造構架者利用不同尺寸的大木來製作斜撐──這些都是構架接近完成時剩下來的材料。比起花時間去製作一堆 3x5 構件，傳統的建造者會利用原本做為圍樑、樓版格柵、或其他部位的木料來製作。因此，他們會把所有榫眼都做得夠寬，以便容納不只 5"（12.7），也包括寬度可能達到 6"（15.2）或8"（20.3）寬的斜撐。在採用舊式直角基準法

則的建築物當中，有時確實會看見斜撐榫眼比插入的斜撐寬 2" 到 3"（5 到 7.6）的情形。

這種方法節省了材料和人力。以當今的構架來說，我們很容易取得製成 3x5 的斜撐。因此，任何因為凹槽較寬而形的空隙會跟著變小，能夠容納在斜撐的非參考面的（短邊）不平整或寬度不同的情形。

如果你不希望看到任何空隙，是有可能從短邊來放樣斜撐，使斜撐的內部成為參考面。這樣一來，直角邊（30"）和斜邊（42-7/16"）的長度就會變成三角形的內部尺寸，而不是外部尺寸，斜撐也因此要比較長。5' 長的原木材料應該還可行，不過因應樹節或其他缺陷的空間會比較小。

以這種方式放樣的斜撐凹槽長度會正好是 6-9/16"（約 16.37cm、即 4-5/8"×4-5/8" 三角形的斜邊）。任何寬度的變化或是斜撐的平整度問題都會顯現在長面的鼻部：它會凸出凹槽、或是縮入凹槽中。

上述的做法詳見左圖。無論如何，我們還是比較喜歡從斜撐的承載面（長邊）來放樣。本書也針對這個方法從頭至尾做了詳細的說明。

斜撐放樣的另一種做法

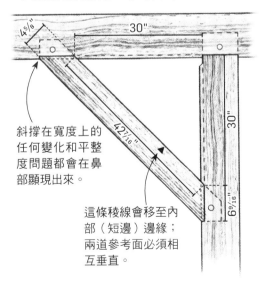

30"

4-5/8"

30"

42-7/16"

6-9/16"

斜撐在寬度上的任何變化和平整度問題都會在鼻部顯現出來。

這條稜線會移至內部（短邊）邊緣；兩道參考面必須相互垂直。

頸樑

頸樑連接著山牆端的兩對椽條,並且做為固定壁板的釘接板。你也可以在上面做一扇小窗戶。有些人會稱這根頸樑為「繫樑」,不過這是指它們能讓椽條不受屋頂載重的影響而張開。實際上,外推力是由桁樑的椽條座、以及下方的繫樑來因應。除非水平構件直接安裝在桁樑高度的正下方,不然椽條之間的水平構件並不提供真正有意義的繫結功用。然而,椽條跨距中間的頸樑確實在受到積雪載重的影響時,有助於防止椽條下垂,也在屋頂內提供了一些抵抗水平力的補強支撐。

頸樑的放樣如同斜撐一樣,只有點到點的長度比較長。要找出這個長度,可以參考標有椽條長度的南側橫剖面(詳見 P. 85)。次頁的頸樑配置圖顯示出,頸樑控制點的尺寸是從頂部沿著椽條頂部參考面,往下量測 5'(152)得來。將椽條上的這個點往下垂直放樣到構材的內側,再往內量 4-1/2"(11.4)來定位凹槽內的點,這個位置是頸樑的承載鼻部。

我們要在頂部找出代表三角形兩個直角邊的內部理想材及其交叉點,而頸樑是其中的三角形斜邊。觀察椽條交會的頂部細節,我們會發現點的位置是從兩根椽條頂點往內 4-1/2"。因此,三角形直交角部的長度是 5' 減去 4-1/2",也就是 4'7-1/2"(141)。利用計算機和畢氏定理(a²+b²=c²),我們算出頸樑的長度為 6'6-1/2"(199);這就相當於 30" 直角邊對應到 42-7/16" 斜邊。一旦你找到這個點,就可以比照斜撐來放樣榫頭和插銷孔(如同斜撐,頸樑的底部是參考面)。

頸樑

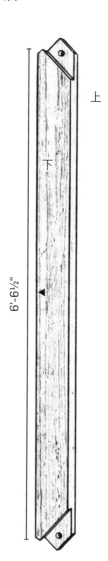

上

下

6' - 6½"

頸樑的放樣

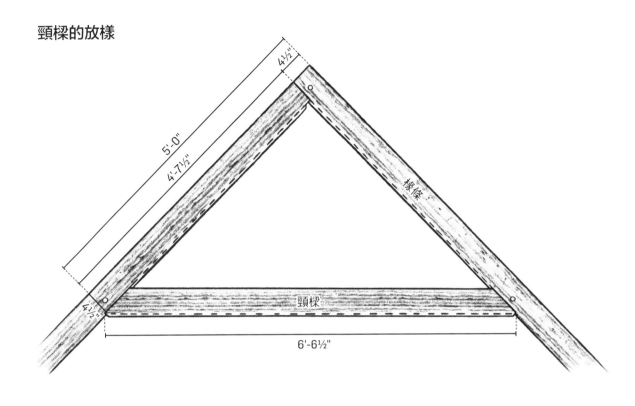

4½"

5'-0"

4'-7½"

椽條

4½"

頸樑

6'-6½"

椽條頂部的細部

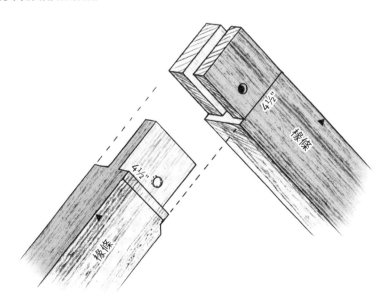

4½"

4½"

椽條

椽條

門柱

門柱的 5"（12.7）寬面跟跨架的方向平行，因此其厚度 4"（10）會與插入門柱的圍樑相同。榫眼和承接這些圍樑的凹槽會完全對應圍樑的雙肩榫頭。

門柱底部要插入地檻的參考面，因此不設置凹槽，而且會施作一個距離參考面 1-1/2"（3.8）的短榫。即使門柱本身不經過縮減就插入凹槽，但仍如同其他支柱的底部，這個榫頭也要從非參考邊往內鋸切至內部理想材，即 4-1/2"（11.4）。

上方榫頭則因為要插入繫樑的非參考面，因此要從外部參考面往內 2-1/2"（6.4）施作露面榫頭，而且整根門柱頂部在插入凹槽的地方將縮減成 4-1/2" 寬。從地檻頂部到繫樑頂部的高度是 7'10"（239），減去繫樑頂部到門柱凹槽之間的距離 7-1/2"（19），你會得到 7'2-1/2"（220）的肩到肩長度。

門柱

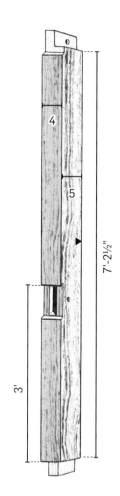

繫樑

繫樑能夠結合牆面，利用楔形的半燕尾榫來抵抗桁樑上的椽條外推力。如果你決定加蓋閣樓空間（詳見第7章），繫樑也能夠支撐閣樓的樓版格柵，加上在縮減的凹槽底部施作一道標稱1"（2.5）的肩部，藉以提供額外的承載能力。於是如果從這個肩部的底部角隅算起，肩到肩長度是12' 減掉6"、再減掉6"，也就是11'（335）。這個肩部也位在繫樑的頂部稜線下方7-1/2"（19），這是因為頂部是參考面，而我們將標稱8"（20）的深度削減至理想的7-1/2"。

削減後，凹槽的傾斜肩部會導致繫樑的頂部稜線出現一個點，從相接柱的外側量進來正好是7"，而你可以把這個點當做放樣點；繫樑頂部的肩到肩長度是10'10"（330）。

肩部放樣完成後，榫頭就相當容易施作，它會完全鏡射柱子上的榫眼。標出榫頭的厚度1-1/2"（3.8）並且鋸出頰面，在放樣和鋸切縮減部位或燕尾榫之前，要先去除榫頭周圍的木料。裁切肩部時多加留意，特別是接頭的底部承載面要跟參考面保持垂直才能完整貼合。將榫頭處理到需要的厚度；在完成半燕尾的裁切後，再從端部切除1/4"（0.6），這樣一來當柱子乾縮，榫頭才不會往背面凸出去。最後，放樣1"的插銷孔並且鑽孔，稍微將鑽子往上和往內偏移至肩部，藉此拉動榫眼支柱而拴緊接合部。

繫樑和桁樑上的斜撐榫眼會比照先前的支柱放樣方法，不過位置有些微不同。要記住，你已經在支柱上施作了一道1"的肩部來提供額外的承載力，不過斜撐的底部只會插入支柱上標稱1/2"（1.3）的凹槽。為了維持斜撐三角形的兩邊互相垂直且達到30"（76）長，繫樑斜撐上的控制點必須配置在距離縮減凹槽底部點30-1/2"（77.4）的位置。另一個（也許比較不讓人感到困擾的）觀看角度是，斜撐凹槽的端部距離建築物外側36-1/2"（92.7），因為它是以內部

繫樑

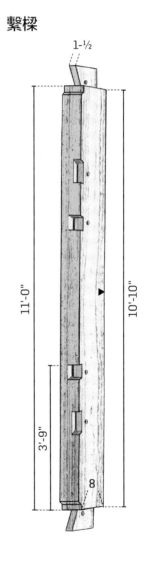

繫樑的放樣細部圖

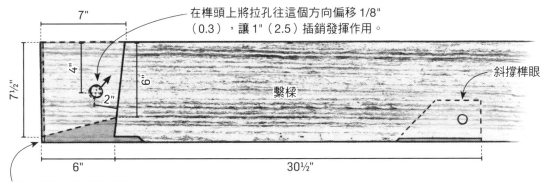

在榫頭上將拉孔往這個方向偏移 1/8"
（0.3），讓 1"（2.5）插銷發揮作用。

7"

7½"

4"

2"

6"

繫樑

斜撐榫眼

6"

30½"

待所有鋸切工作都完成之後，
最後將榫頭鋸掉 1/4"（0.6）。

理想材構成的 30" 斜撐，而且還往內距離參考面 6-1/2"（16.5）。（詳見 P. 93〈斜撐榫眼的放樣〉）

如果你依循原始的平面圖，將門配置在山牆端的牆上，就需要在繫樑底部製作門柱的凹槽和榫眼。除此之外，你也可以移動門的位置，然後鋸出較長的門柱以插入桁樑的底面。放樣的方法也是一樣；只要遵照在非參考面上放樣露面榫頭的準則即可（詳見 P. 104）。

支柱上的繫樑和桁樑會相互錯開 10-1/2"（26.7）。這個做法能使接合部分開，避免在單一點上削弱支柱的強度，不過這兩者的距離仍然靠得夠近，使楔形半燕尾榫能有效地抵抗來自桁樑上的屋頂外推力。在不改變支柱尺寸的情況下，繫樑和桁樑的距離不可以超過 2'（60）詳見第 7 章。

桁樑

桁樑是構架中最長、也擁有最多接合部的構件：所有榫眼和椽條的凹口。桁樑的設計涵蓋在建築物前後山牆端的 12"（30）出簷，有助於保護壁版。不過如果難以取得長度超過 16'（488）的大木，你可以把桁樑鋸到跟結構的外側齊平，等到外覆層施作上去之後，再使用木料來搭建出簷。這個做法還能防止大木刺穿建築物的隔熱圍封，對寒冷氣候地區來說很受用。溫暖潮濕空氣中的水蒸氣逸散出去、在到達結露點時凝結，長時間下來就成為木材腐爛的潛在原因。椽條尾端也會碰到這個問題，因此同樣可以裁切到跟外部齊平，屋簷的懸挑再與屋頂的隔熱系統一併構成（詳見第 9 章）。

桁樑的端部到端部長度是 18'（549），其底面（非參考面）的榫眼和凹槽鏡射先前提過的支柱頂部。凹槽配置在頂部往下 7-1/2"（19）的位置；中央凹槽寬 6-1/2"（16.5），從距離跨架 1 北側 7'8-1/2"（235）的位置起算。

如果你仔細觀察縱向剖面圖，會發現中央支柱的南面（非參考面）有經過縮減，以插入桁樑；但北面做為參考面，所以並不這麼做（也請詳見 P.94 斜撐凹槽的細部圖）。這遵循的是直角基準法則，但需要調整斜撐榫眼的放樣，類似於我們在繫樑上必須做的處理。前面解釋過，架設在桁樑和支柱北面之間的斜撐確實往支柱中插入 1/2"，但支柱的頂部不會縮減 1/2"（雖然可以這麼做，但會加重工作）。因此再一次，為了使斜撐的三角形直角邊維持垂直和 30"（76）的長度，桁樑上的北側斜撐控制點就必須定位在距離凹槽北側肩部 29-1/2"（75）的位置。

這些在桁樑和繫樑上針對斜撐凹槽所做的調整，其實只是基於美學上的考量，為了讓斜撐和圍樑組裝到支柱的放樣面時看起來彼此對稱。你不必為了結構上的理由做這件事，也就是說如果你覺得做起來很困擾，可以省略不做。不過我還是將上述的調整做法加以視覺化，

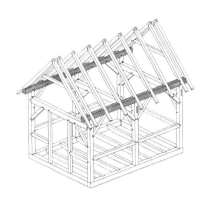

桁樑

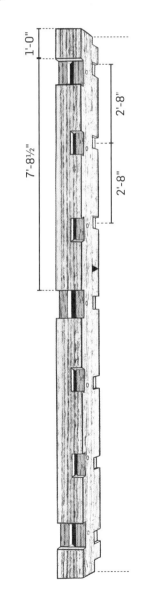

梯式膝形椽條座

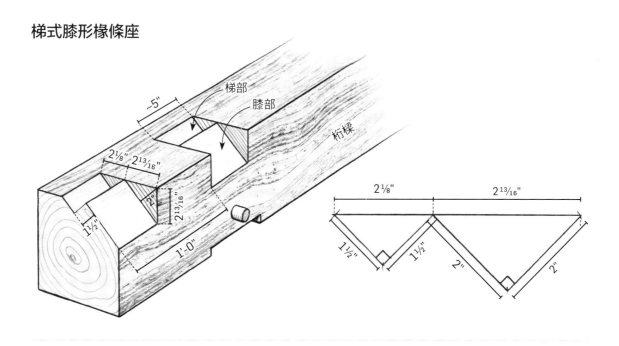

梯部
膝部
桁樑

$-5''$
$2\frac{1}{8}''$　$2\frac{13}{16}''$
$2''$
$2\frac{13}{16}''$
$\frac{1}{2}''$
$1'\text{-}0''$

$2\frac{1}{8}''$　$2\frac{13}{16}''$
$1\frac{1}{2}''$　$1\frac{1}{2}''$　$2''$　$2''$

幫助你學習直角基準法則的原則。

梯式膝形椽條座

桁樑頂部有一個大木構架中最厲害的接合部位：梯式膝形椽條座（step-lap rafter seat）。由於椽條不會架在脊樑上、或是利用天花板格柵將椽條腳部結合在一起（跟框架構架中的做法一樣），因此我們需要一些方法將屋頂的外推力傳遞到桁樑，再將力往下帶到柱子，交由繫樑處理。這個接合部的梯位會與椽條的軸線垂直並承接外推力。椽條尾部則往外延續，通過接合部的「膝」部，形成屋簷的懸挑。椽條頂面與桁樑的稜線齊平（詳見P.122下圖〈椽條尾部〉）。

首先你要決定椽條在桁樑頂部的位置。構架中有好幾根椽條，因此有必要測量椽條寬度，並施作相對應的凹口，就像我們處理樓版格柵那樣。有些較寬的椽條可以削減，有些稍窄的椽條可以寬鬆一些。這省下了直角基準法則嚴格要求必須縮減整體椽條構材、使其小於標稱尺寸1/2"（1.3）的工作量。

讓我們假設椽條的寬度都在5"（12.7）加減1/8"（0.3）的範圍內，並依據這個寬度製作凹口。由於桁樑的兩端各有一根椽條，因此要從端部往內5"畫一條短線，做為端部椽條的內側記號。還有從桁樑端部往內1'（30.5）設置的椽條，其參考面跟端部跨架的外部齊平；壁版則會釘到這幾面和頸樑上。標出上述這幾條線，然後往內劃一條相距5"的線。剩餘椽條的中心線配置是將外側到外側的16'（488）距離均分為6等分，也就是間隔2'8"（81）（跟樓版格柵一樣）。之後再從中心線往兩側各量2-1/2"（6.4），將這些內部椽條的邊線定位出來。

梯式膝形的放樣

梯式膝形部位的放樣要從稜線算起、往內延伸約 5"（12.7）做為邊線，並往下延伸到外側放樣面 3"（7.6）。膝部深度 2"（5）和梯部深度的 1-1/2"（3.8）都是跟屋頂斜度垂直所量出的數字。為了施作膝部，要從稜線往後和往下分別留設一段距離，即 2"（5）直角三角形的斜邊長。此外還要在頂部找到第二條線代表梯部的背線，這段距離是 1-1/2 直角三角形的斜邊長。經過計算，這兩段距離分別是 2-13/16"（76）和 2-1/8"（75）。這樣的距離長短僅適用於 12：12（45 度角）斜度的屋頂，因此會隨著屋頂斜度改變而不同（詳見第 7 章）。

利用複合式尺規沿著稜線邊緣來放樣膝部和梯部的背線、以及接合部的邊線。

轉換的技巧

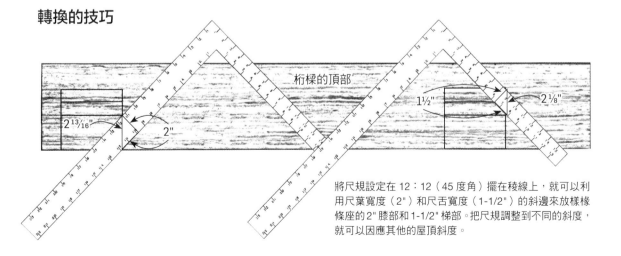

桁樑的頂部

2 13/16"　2"　1 1/2"　2 1/8"

將尺規設定在 12：12（45 度角）擺在稜線上，就可以利用尺葉寬度（2"）和尺舌寬度（1-1/2"）的斜邊來放樣椽條座的 2" 膝部和 1-1/2" 梯部。把尺規調整到不同的斜度，就可以因應其他的屋頂斜度。

鋸切梯部和膝部

1 小心地鋸出膝部的邊線。

2 將中間的**三角形木料鋸掉**，在施作梯部之前先完成膝部。一把小斧頭可以更快地去除這部分木料，不過施作起來需要一些勇氣和力道控制，避免鋸地太深。你也可以粗略地用鑿刀處理（2a）。無論哪一種做法，都要用鑿刀完成最後的切削工作。一塊跟屋頂斜度相同的角塊（以本書案例來說是 45 度角）有助於在此（2b）和步驟 3 導引鑿刀的動作。

1

2a

2b

3 要鋸切梯部時，**將 1-1/2"（3.8）鑿刀的刀角靠在邊線上，斜面朝向要剔除的部位**。將視線沿著鑿刀頂部的邊緣看去，使它跟膝部的背線成一直線；這會形成一個夾角。你也可以利用角塊來導引。**使用鑿刀和槌子從中段開始削鑿，然後換到另一側，重複這個程序，**交替施作直到鑿刀觸及三角形的底部。1-1/2" 寬的鑿刀可以做為尺規，因為這剛好就是梯部的深度。

3

4 **將梯部兩條邊線中間的木料鑿掉**，小心不要鑿得太深或者偏離正確的角度。緩慢而且小心地往下施作，因為這兩者都是很重要的承載面。在開始切削材料之前，先使用鑿刀切斷端紋。

4a

4b

椽條脊部的細部圖

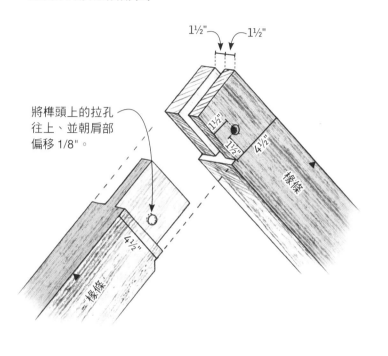

1½"　1½"

將榫頭上的拉孔往上、並朝肩部偏移 1/8"。

1½"

1½"

4½"

椽條

4½"

椽條

椽條尾部

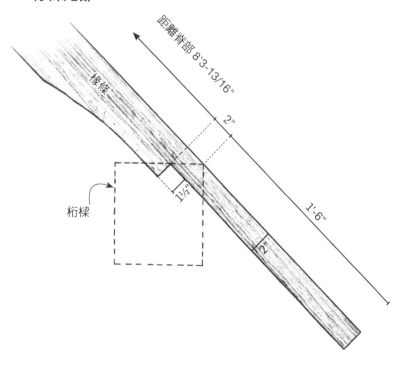

距離脊部 8'3-13/16"

椽條

2"

桁樑

1½"

1'-6"

2"

長各 6'（183），分別代表著距離（水平跨距）和高度（垂直高度；給定的屋頂斜度是 12:12。以此計算斜邊，我們會得到從頂部到桁樑外部稜線的椽條長度 8'5-13/16"（259），另外加上要做成尾部的 1'6"（46），整體長度為 9'11-13/16"（305）。不過，椽條尾部要卡入椽條座的梯部並不是在桁樑的稜線上裁切，而是順著椽條上移一些，這就是我們要特指出來的放樣和裁切點。觀察構成這個接合部的三角形，你會發現這段距離跟椽條尾部的厚度相同，也就是 2"（5）。因此在這裡要標記的控制點是從脊部往下 8'5-13/16" 減掉 2"，等於 8'3-13/16"（254）。整體長度 9'11-13/16" 則維持不變。如果你改變屋頂的斜度，這裡的所有數字都要跟著改變。建議你最好多多複習幾何學和畢氏定理來搞懂它們。

裁切椽條座和尾部

椽條座和尾部的裁切步驟包括在椽條座進行一道垂

直的橫切，然後加上一道長的縱切。縱切可以使用圓鋸、帶鋸、或手工鋸來處理，但記住，因為從屋簷下方會看見尾部，所以盡量不要過度裁切。最好的方法是保留足夠的材料，用手工鉋來磨平。椽條厚度 5"（12.7），而卡入桁樑的部位縮減至 3-1/2"（9），因此我們必須比照樓版格柵的方法來調整這邊的厚度。在室內可以很清楚看見這個部位，因此使用帶鋸、或斧頭和扁斧鋸切後，再以輻鉋細修出和緩的曲線，看起來最賞心悅目。

頸樑的榫眼

頸樑的榫眼和凹槽（只施作在其中兩對椽條上）裁切起來就跟斜撐的榫眼一樣。但相較於後者要往下量 30" 做為直角三角形的一邊、斜撐做為斜邊，頸樑的榫眼則應從椽的脊部往下量 5'（152）、然後垂直跨過椽條畫線，做為頸樑榫眼的「下向」端。然後，從參考面（頂面）往內量測 4-1/2"（11.4）、劃設凹槽線；之後，沿著這條線往回 7"（17.8），畫一條線代表頸樑榫眼的上部 45 度角末端，就跟我們在斜撐榫

眼中施作的一樣。再一次提醒，如果屋頂的斜度不同於 12：12，凹槽的長度和內部角度也會有所不同，儘管頸樑的承載面鋸切方向都垂直於屋面。在鋸切其他椽條之前，先鋸好其中一對，並且檢查放樣是否正確。將脊部的榫眼－榫頭接合在一起，並且在兩根椽條上量測分別代表桁樑外側稜線的兩個點，如果兩點距離 12'（建築物的寬度）且脊部接合看起來良好，那就太恭喜你了！

最後，將成對的椽條加以編號，確保椽條數量相等，且參考面互相配合。

頸樑榫眼的放樣

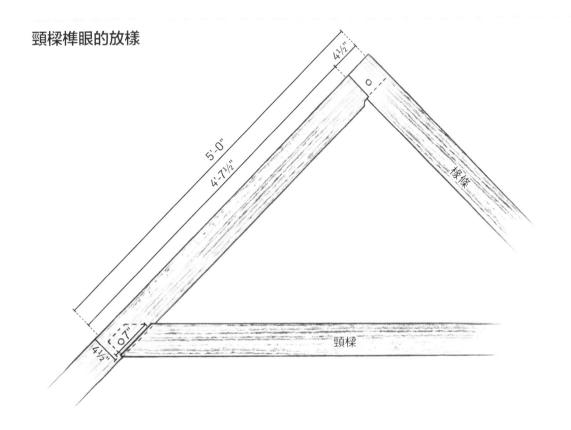

製作插銷

插銷通常以直紋的硬木樹種（例如橡木、胡桃木、或刺槐）來製作，將處理過的乾淨圓木生材劈成小木塊做四等分處理，再劈成較小的方形「胚料」，隨後移至刨工台或治具上進行最後的削刨。你可以自製插銷，做法說明如下；或從供應商那邊採購（詳見書末〈參考資源〉）。小木塊通常可以從有供應適當樹種的木材廠或鋸木廠購入，他們經常會預備一些長度超過廠商本身需求的原木，提供消費者選購。

1. 插銷的放樣

在一根 12"（366）長的小木塊上面放樣網格。這個長度足以製作用來插入 7" 至 8"（17.8 至 20）大木的錐形插銷；還可以在完成的建築物內讓部分插銷凸出，做為吊掛東西的用途。利用直角規或其他丈量工具在原木的髓部畫兩條互相垂直的線，即使位置偏心也沒關係，將木塊分為四等分。然後以最初的兩條線為基準，間距規律且平行地向外畫線；每一塊木材（理論上）可以製成四根插銷。這些方胚的尺寸要比插銷的兩倍直徑再少 1/8"

（0.3）。換句話說，如果要製作 1"（2.5）的插銷，必須在 1-7/8"（4.8）的方胚上放樣網格；3/4"（1.9）的插銷則利用 1-3/8"（3.5）的方胚來製作。你可以在鋸台上將一些釘版條剖到這個寬度，做為製作的模板使用。

2. 裁切方形胚料

一開始，把劈斧放在通過髓部的線條上，將原木剖成兩半，再接著劈半（沿著最靠近

2a

1

2b

髓部的線），得到四等分的原木。然後將劈斧架在每一塊木料最接近中心的線條上，繼續劈下，直到把網格狀的方胚都劈出來為止。最後把這些四等分方胚（較小的劈斧或斧頭在這裡很好用）初步處理成正方形。而正方形面積要大於相對應的圓形插銷孔，因此當方胚的四邊最後削成錐狀，插銷和插銷孔就能夠緊密貼合。

3. 刨削插銷

把方胚放到刨木架上，使用雙柄削刀來刨削；或是固定在平台式治具上，用手鉋、大鑿、或鑿刀來施作。這種治具是手切鋸台和導板（或稱依板）的結合，設有 V 形口可以固定插銷，將插銷的一端舉起以利削尖。插銷不要磨得太圓；使用刮刀製造一些邊角，在敲打鑽入時有助於穩固。

在刨木架或工作面上鑽幾個孔，孔徑符合你要的各種直徑；利用這些孔來測試插銷的密合程度。

如果方胚尚不方正，先從這裡著手修整（通常你會從輕微的平行四邊形開始）。首先處理插銷的尖端，修整好之後再轉到另一端，用刨木架的鉗子固定足夠的長度，然後將插銷的剩餘部分削成方形。這應該只需要幾道動作，同一時間，你可以將整根插銷削出微微的錐形（約 1/8"〔0.3〕）。之後旋轉 45 度，削除邊角，第一道動作從接近夾鉗的頭部下手，第二道動作往下從插銷的中段下手。把插銷放入測試用的插銷孔時，插銷應該緊貼榫頭所在的位置。最後，把插榫的頭幾吋長度削出明顯的錐度，藉此引導插銷進入拉孔當中。

3a

Slick

3b

7/ 構架的變化

當我們談到如何調整大木構架時，其實有非常多的選擇，而大部分涉及的是接合部的挪動，而非直接變更。構材本身的長度也可以改變，但其斷面尺寸（大木的深度和寬度）會維持不變。在需要進行重大變動的地方，我們將會說明。

移動門窗

　　構架中你最可能改變的或許就是門窗位置。位於山牆端牆體的門有一個以大木初步框出來的開口，寬 3'6"、高 7'2"（107x218）。這個尺寸足夠安裝任何帶門框的預製門（prehung door）。另一方面，你可能還需要縮小開口，把一些粗伐木料用螺釘固定在大木上，以因應門扇製造商所設定的初步開口（rough opening）大小。如果你在裁切大木前已經取得預製門，可以在要安裝門的位置直接定位門柱，藉此施作建議的初步開口尺寸。

　　如果你將門移動到屋簷側的牆面，要注意，桁樑因為比繫樑高出許多而多出一段空間，你也許會想在這邊架上一根 4x5 的大木橫楣（header）。測量從橫楣底部到門扇初步開口的距離；這使得這一面成為參考面。之後或許會有足夠的空間在門上方加裝一扇楣窗（transom window）。如果需要更充裕的空間，甚至可以改為平放一根 3x4 的粗伐大木，因為它並不承受載重。

　　門框架可能包含門檻；這種門的初步開口設置，是以門扇單元安裝在底層樓版的頂部為前提。放樣時務必把底層樓版的厚度計算進來。不管你決定將門扇安裝在哪裡，都要記住假如你要讓門往內開啟至 180 度，門後的空間會不太方便利用。

　　利用門後空間的其中一種方案是施作櫥櫃，但這樣一來，大門只能開到 90 度。或者，你可以加裝一排占用較少空間的衣帽架。如果門扇配置在牆面或跨架的底部，門扇可以開到相鄰的牆面，也因此需要移除門扇位置的斜撐。不過只要牆面其他部位還有斜撐能夠抵抗來自兩個水平方向的橫向變形力，那麼移除其中一根斜撐就不會造成問題。要記住，

門設置在屋簷側的牆面末端

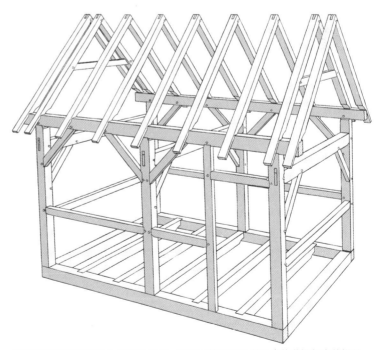

門窗可以移動到構架上的任何位置，不過可能要因此增加或移動構架中的構件。

依據每道牆內或跨架內的水平載重方向，你至少要配置一根斜撐來因應壓縮作用。

牆體的圍樑要用來釘定垂直壁版，不過也可以做為窗戶初步開口的底部木檻。你可以把它提高或降低，不過如果想在下方擺一張桌子或沙發，那麼窗戶底部的標準高度要距離樓版 36"（90）；如果想在下方配置廚房水槽，高度則要有 42"（107）。從美學的角度來看，門窗頂部的高度應該要一致。

這裡沒有畫出窗戶的垂直支柱，方便你更自由調整窗戶的寬度，所以記得要把支柱納入。支柱需要額外的木料，而且因為圍樑寬度達 4"（10），很方便在大木採購清單上再加一些 2x4 的粗伐木料。由木材場木料刨成的支柱品質看起來沒那麼好，也不是正確的尺寸（太窄）。你可以把初步開口的構件裁切到正確長度、並以斜釘（toe-nail 從兩個相對的角度分別釘入釘子）方式釘定、或者鎖入大木之中。或者，製作一些淺槽口來幫助定位，讓它們不會扭動，再用斜釘固定。

你可以把初步開口構件的端部裁成斜面，再組構至

門設置在屋簷側的牆上

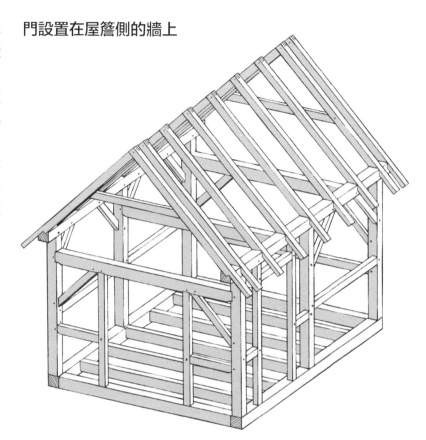

門扇可以加寬、加大，方便大型設備進入，或單純引入更多光線和空氣到工作室或工坊空間中。

左圖：窗戶開口可以使用 2x4 粗伐木料來構成。
右圖：如果會影響空間淨高或窗戶的話，斜撐可以往下移動到牆面的底部。

斜撐中，只要斜撐本身不會影響開口即可。如果斜撐擋住了開口，也可以將其移除，不過最好在跨架或牆體的其他部位加入替代構件，以接替承受壓力的任務。這有可能是一根直接配置在既有上方斜撐底下、並與地檻相連的下方斜撐。

　　其他讓你會想要移動斜撐的時機還包括，將門扇移動至牆體或跨架末端、或遇到有可能引發空間淨高問題的室內斜撐。在本書核心構架裡，位於繫樑和中央支柱

之間的斜撐就是一例。

　　如果你為了設置窗戶而降低圍樑高度，你可能會想在那道牆或跨架當中加入一根上方圍樑以便釘定垂直壁版。以核心構架為例，牆體桁樑高於繫樑，而牆體圍樑也會跟著高於跨架圍樑。如果你採用水平壁版，那麼可以省略整根圍樑，然後比照門柱，以 4x5 短柱來代替。這些構件要沿著牆體以 30" 到 36"（76 到 91）的間隔平均配置。

增建閣樓

要在這樣的設計中取得可用空間，增建閣樓是最簡單的方法。但由於空間淨高可能變低，閣樓主要會被當做睡眠空間。以我們的核心構架來說，增加的閣樓高度，也就是從閣樓樓版到屋面下方尖峰處距離稍微小於 7'（2m）。要注意，閣樓會阻隔從山牆端高窗灑進來的光線，也因此，我們不建議在這個高度建造一整層的第二樓版。而且在這樣的狹小的空間中，通道是另一個問題。我們的業主試過最好的解決方案是採用可動式爬梯：一種像是圖書館取書梯的可滑動梯子，或者是可以從通道升起的懸吊爬梯。還有其他創意的解決方法也可行。

如果你希望閣樓空間超過（或小於）建築物長度的一半，可以如圖示，把中央跨架移動數英呎。這根 7x8 桁樑的尺寸能夠橫跨 10'（305）；如果需要跨越更長的距離，就要增加桁樑的尺寸（詳見 P. 140〈擴大構架〉）。

因為跨距只有 8'（244），標準尺寸的閣樓採用 4x6 的樓版格柵。而根據樓版格柵數量是四根還是五根的差異，中心間距會落在 36" 到 40"（90 到 102）的範圍（5 根樓版格柵可以支撐較大的載重，因而能夠採用較薄的地面鋪版）。最末端的樓版格柵要從建築物外部往內退縮 12"（30）。如果跨距加大到 10' 或 12'（3 或 3.6），那麼樓版格柵的尺寸應該增加到 5x6。替代做法是 4x6 構件不

變，但採取更加緊密的配置、或如第 2 章所說，採用不同等級的材料或樹種。

閣樓樓版格柵的鋪設方式類似於主樓版的樓版格柵：中央樓版格柵做為底面榫頭、其他格柵做為嵌入構件（如果總共 4 根樓版格柵，中央樓版格柵就有 2 根；如果總共 5 根樓版格柵，中央樓版格柵只有 1 根），凹口要從北側繫樑外側的放樣面

擁有不對稱跨架的閣樓

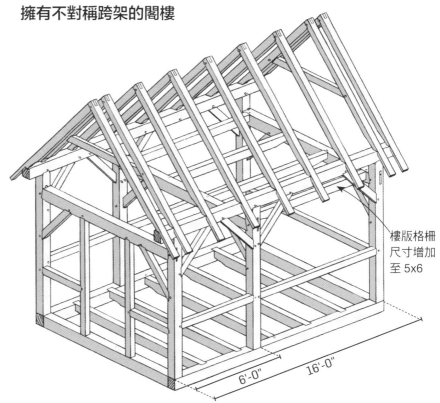

樓版格柵尺寸增加至 5x6

6'-0"　16'-0"

閣樓通道的設置需要一些創意，例如
左上圖的折疊梯，或像右上圖那種移
動式圖書館取書梯。如左下圖所示，
在 16' 乘以 20' 的較大型構架當中，
部分閣樓只覆蓋四分之一的區域（8'
乘以 10'），而且主要做為儲藏空間
使用。不過在比較小的 10' 寬構架中
（如右下圖），閣樓也仍然是個引人
入勝的實用空間。

往內 5"（12.7），並且從中央繫樑放樣面往內 2"（5）來放樣。以本書核心構架來說，假設閣樓搭建在北側間隔，那麼削出底面榫頭造型的樓版格柵，其肩到肩長度是 7'8-1/2"（235）減去 6-1/2"（16.5），再加上 1/2"（1.3），最後得到 7'2-1/2"（220，與圍樑相同）。再加上一個標稱 4"（10；實際 3-7/8"〔9.8〕）的榫頭。嵌入式樓版格柵的端部到端部長度是 7'8-1/2" 減去 5"，再加上 2"，得到 7'5-1/2"；然後整體再額外削掉

1/4"（0.6），以便完整地降到凹口之中。

將閣樓樓版格柵高度降至 4-1/2"（11.4）以插入繫樑，跟下層樓版格柵的做法一樣。

如果想要閣樓的空間淨高更大，有些做法可以參考。你可以將建築物蓋得寬一點（詳見 P. 140〈擴大構架〉）、或者增加屋頂的斜度；這兩種改變都會讓椽條變得更長。你也可以製作更長的支柱，不過如果是 7x7 的支柱，從繫樑頂部到桁樑頂部的距離不可超過 2'（60）。

如果你想蓋得更高（桁樑頂部到樑的頂部相差達到 4'〔122〕），支柱的尺寸就要增加到 8x8。而這意味著其他絕大部分的構材也要跟著加大尺寸，寬度才能互相匹配。另一個辦法是採用 7x9 的支柱，藉由增加支柱的深度來抵抗支柱頂部較大的力量。當支柱長度變得更長時，（用來傳遞來自椽條外推力的）桁樑會更容易脫離繫樑的束縛。這也意味著必須增加支柱厚度，才能抵抗屋頂所施加的彎曲力。

核心構架中的閣樓樓版格柵

閣樓樓版格柵的俯視圖
（未畫出椽條和主樓版格柵）

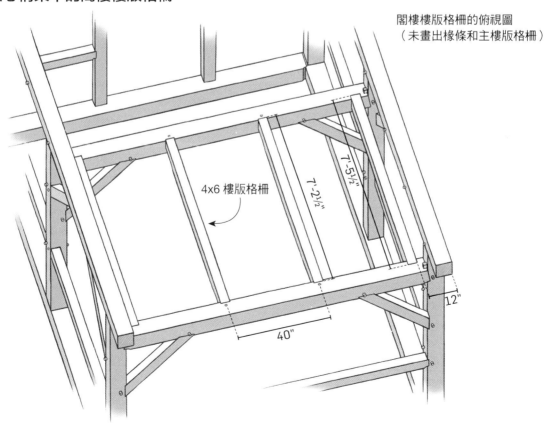

4x6 樓版格柵

7'-5½"

7'-2½"

12"

40"

改變屋頂斜度

　　核心構架 12：12 屋頂斜度的放樣和鋸切相對簡單，因為所有角度都是 45 度或者 90 度。一旦改變屋頂斜度，頂部和基座的接合會變得有點棘手。

　　或許你會基於美觀的理由而想去減緩斜度，例如配合基地上另一棟既有的建築物，但這麼一來你將減損閣樓的空間淨高（而你應該希望保有這部分）。一旦屋頂變得較為平緩，桁樑上的外推力也會升高。因此為了抵抗較平緩屋頂上的水平彎曲情形，我們會旋轉桁樑，使它成為 8x7、而不是 7x8 的構件。由於現在桁樑變得比 7"（18）的支柱更寬，你可以施作一道剛好跟支柱頂部互相匹配的凹槽，或者就讓凹槽整個延續，然後接受最後露出的結果（這樣裁切起來容易許多）。

　　如果屋頂斜度從 12：12 變成其他角度，尖端的囓接接頭不會呈 90 度，這時候製作打樣版來放樣榫眼和榫頭會很有幫助。下圖中，注意看看我們在榫眼椽條和榫頭椽條的縮減部分是怎麼進行加長處理。這個做法比鋸切一個銳角的肩部還要容易，而且效果看起來也比較優異。

　　一旦屋頂斜度改變，

屋頂斜度 8：12

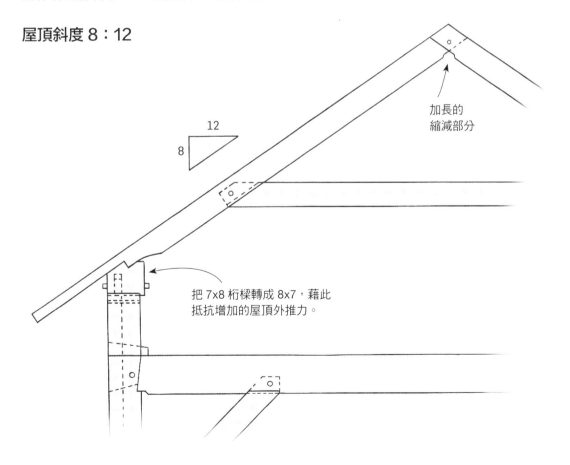

12

8

加長的
縮減部分

把 7x8 桁樑轉成 8x7，藉此
抵抗增加的屋頂外推力。

梯狀膝形椽條座也會隨之改變。當屋頂變得較平緩，桁樑頂部的接合部背線會往內移動，桁樑面的線條則往上移動；當斜度變得較陡，變化情況就相反。你可以利用畢氏定理來計算這些偏移量，或者利用直角規繪製圖面以加強掌握，並且直接在圖面上丈量。下圖是調整過後，8：12 屋頂斜度的梯狀膝形椽條座尺寸。

製作屋頂尖端的放樣版

跟著以下說明來製作 8：12 屋頂斜度的放樣版。將直角規的尺舌保持在適當的高度、尺葉則在適當的長度，利用兩者的調整，就可以製作其他斜度的放樣版。

1 從製作一塊厚 1/4"（0.6）、長寬約 24" 乘以 16"（60x40）的長方形夾板開始，先確定 24" 的長邊完整無缺。從長邊的其中一角出發，沿著長邊量 6"（15）並做個記號。

2 將直角規尺舌（較窄的一支）的 8" 位置對準這個記號，然後轉動尺葉（較寬的一支），直到尺葉上的 12" 對齊長邊遠一點的位置。從記號處沿著尺舌往下畫一條線，做為鉛直線（次頁上圖中的線條 1），並將這條線一路延伸到夾板的另一端。

3 把 8" 的點維持在記號上不動，旋轉尺規，直到尺葉上的 12" 與上述的鉛直線相交，再從原始記號沿著尺舌畫出另一條線（線條 2），並且盡可能地延伸；這代表另一面屋頂的斜度，以及椽條的端部。直邊代表的是椽條的頂面（外側面），而你一開始畫下來的 6" 記號則是尖端（屋脊）。

因應 8：12 屋頂斜度調整的梯形膝式椽條座

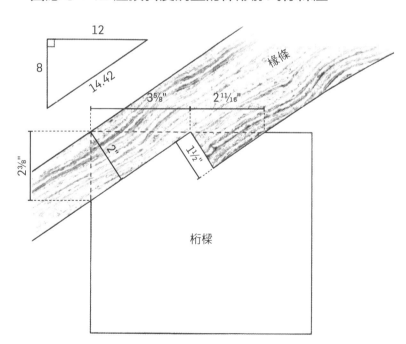

4 從長邊往下 5"（12.7），畫一條橫跨夾板的平行線（線條 3，在我們的構架中，5" 是橡條的標稱厚度）；再畫另一條跟線條 2 距離 5" 的平行線（線條 4），這兩條線交叉時不要再向外延伸。它們代表橡條的底部。

5 由於橡條在屋脊處會縮減到 4-1/2"（11.4），所以要以這個距離來畫另一組平行線。其中一條實線代表榫眼構件，另一條虛線則代表榫頭。

6 我們會利用平行於鉛直線的斜切線，將兩根橡條都從肩部往回縮減 1-1/2"。這個動作讓我們能夠使用這個放樣版來製作榫眼橡條和榫頭橡條，而且避免在肩部出現尖角，成果看起來也比較好。只要整個都放樣好了，就可以小心地裁出放樣版，以此製作橡條接合部的兩側，在放樣版上施作一個小凹口來代表接合部的肩部。將放樣版的頂部和尖端都畫記到橡條，把接合點標記出來。

屋脊放樣版：步驟 1、2、3

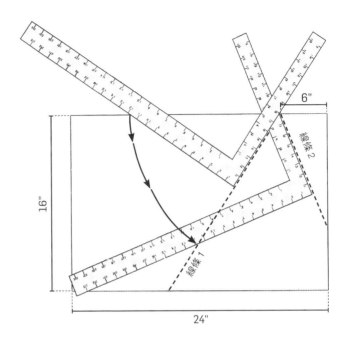

屋脊放樣版：步驟 4、5、6

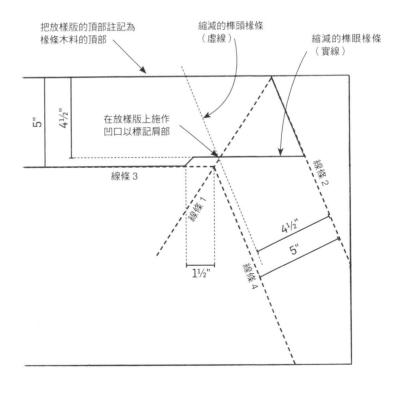

出簷

在我們的核心架構中，橡條的尾部會往桁樑外延伸 16"（40）形成屋簷，同時桁樑也延伸到山牆端以外 12"（30.5）形成出簷（overhang）。你可能想做更長的出簷，但這要視圍封系統的厚度，以及你打算想要保護到什麼程度來決定。以 2"（5）厚的橡條尾部來說，18"（46）的長度已經接近極限；如果需要更長的出簷（超過 30"〔76〕），那你應該把橡條尾部的厚度增加到 3"（7.6）。而這將導致橡條往桁樑的稜線外凸出 1"（2.5）；有鑑於此，在覆蓋屋面之前，你可以在橡條之間加上斜面釘版條加以遮蔽。如果要將橡條尾部往外延伸 48"（122、可能是為了保護屋外儲放的薪柴）也可以辦得到。不過在這樣的情況下，要以斜向的 2x4「懸臂支架」來支撐出簷，同時尾部的厚度要增加到 3-1/2"（9）。

在不加大尺寸的情況下，桁樑可以伸出 24"（60）；加入外部斜撐的話，甚至能達到更長。這種做法可以形成一個小門廊、或是上方有遮蔽的入口。如果你是把這個構架當做既有建築物的增建部分，那在連接既有構造那端的山牆就不要施作出簷。

橡條桁樑可以延伸到外部，形成門廊或大門的出簷。

較長的椽條尾部（最長達 30"、約 76cm）

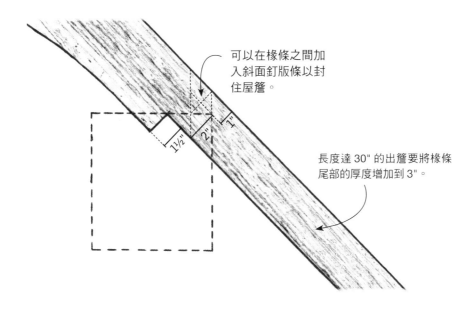

可以在椽條之間加入斜面釘版條以封住屋簷。

長度達 30" 的出簷要將椽條尾部的厚度增加到 3"。

1½"

2"

1"

更長的椽條尾部（最長達 48"、約 122cm）

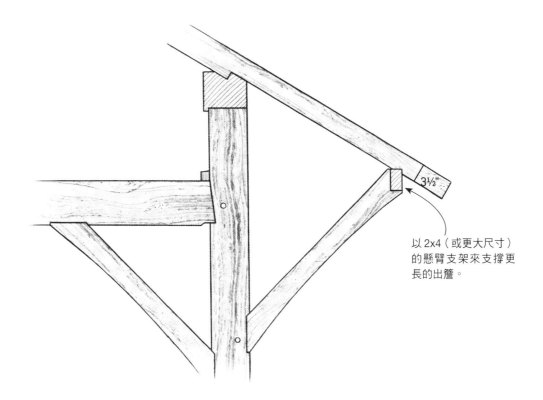

3½"

以 2x4（或更大尺寸）的懸臂支架來支撐更長的出簷。

縮小構架

縮小構架不會影響構材的斷面尺寸，因為接合部仍然需要有最小量的木料來作用。但相較之下，長度會改變，如果你將建築物的長度縮小至 12'（366），就可以移除中央跨架。不過，如果桁樑的跨距因而拉長到 10'（305），桁樑尺寸也要隨之加大到 7x9，並且採用第一級分等的大木。

這間冥想小屋寬 10' 乘以長 14'6"（305 x 442），包含一層占總面積一半的閣樓和具備遮蔽功能的出入口。

10'x14'6" 構架，桁樑出簷比較長

這是左頁結構體的構架。

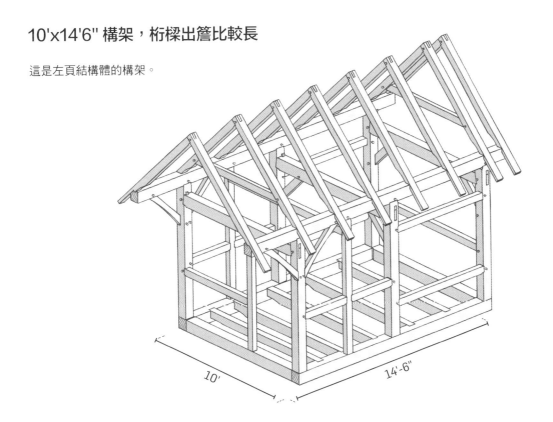

10'x12' 構架，旁側有增建空間

這張圖說明的是一座比較小的構架（10x12），在屋簷的一側增建了門廊，因此整體結構的尺寸又變回 12x16。

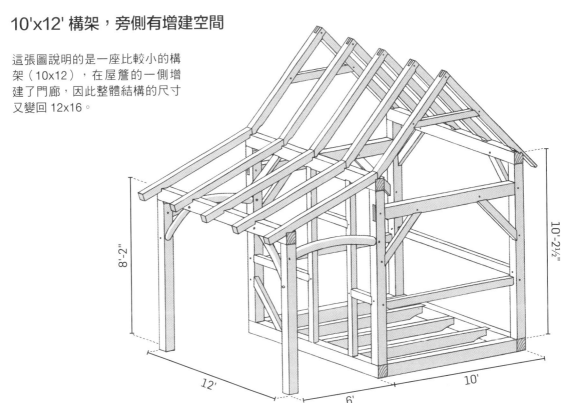

擴大構架

將三跨架式的構架擴展成寬 14'、長 20'（寬 4.3、長 6m）的規模時，除了主樓版格柵尺寸要增加到 5x8、或者選用第一級分等的構材之外，並不會增加大木尺寸。當建築物寬度增加至 16'（488）時，需要在樓版構架中增加一根 10x8 的中央大樑，而且要設置基礎墩座。在這種情況下，樓版格柵會嵌入大樑（girder）兩側的凹口之中，因此要有額外的寬度來因應。再次地，如果桁樑跨距超過 10'（305），桁樑尺寸就應該增加至 7x9 並且採用第一級構材。如果要以繫樑承載閣樓，尺寸也要增加到 7x9。

你可以把支柱，以及與支柱接合的主要構材寬度都加大到 8"（20），藉此取代 7x9 的桁樑和繫樑。在 16' 寬的構架上，第一級等 8x8 桁樑的跨距可以達到 12'（366；如果是第二級材料，尺寸則要改為 8x10）。如果無法取得長度足夠的桁樑大木以跨越整棟建築（包含出簷），你可以將大木嵌接（scarf）

16'x20' 的樓版構架

如果不是連續的基礎，就要如圖示，在每根支柱下方和橫向地檻的中央設置墩座。

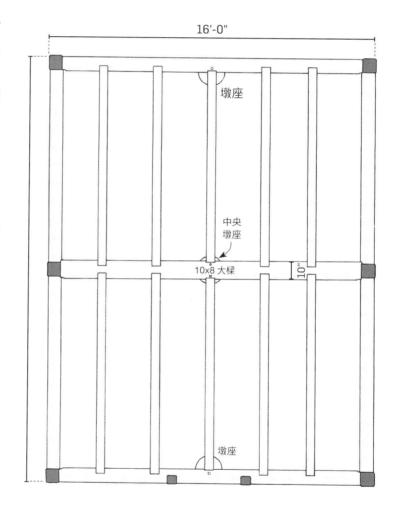

結構支撐

如果對這些結構的選擇
感到困惑，學習基礎工
程計算是幫助你決定樑
材尺寸的好辦法；又或
者可以利用有內建公式
的電子試算表單來幫忙。
尺寸、分等、樹種和間
隔的組合有很多種，你
可以根據不同的需求挑
出來使用。最好的做法
當然是將你的設計交由
合格的專業者審視。

在一起，也就是將兩根短構件利用一個端部到端部的接頭，組合成一根較長的構件。不過這會增加額外的工作量，組合件的強度也比不上單根足長的大木。

5x5 椽條在寬度達到 16'（488）的屋頂跨度上能夠有效作用，並且符合積雪載重和屋頂斜度的設計。

擴展 12x16 基本構架的最佳做法是只需要在原本的構架上增加模矩。將好幾根 8x12 斷面的構材加到山牆端，使建築達到你期望的長度；如果無法取得是長的大木，可利用嵌接接頭來延長桁樑和地檻。

要從屋簷側的牆體向外增建，必須延長屋頂椽條。如果增建部分想維持跟主屋頂相同的斜度，擴建的延伸牆就必須降低以承載椽條。

如你所見，比起中途再來改變往下延伸的斜度，延伸屋頂比較容易以平緩的斜度來施工，例如 8：12。另一種做法是，你可以將延伸的屋頂改得比較平緩，並且（或者）加高主要支柱，詳見 P146 ～ 147 的相關範例說明。

要注意，延伸牆必須藉由繫樑連接至原本的核心構架，而這些繫樑連接到中央

嵌接接頭

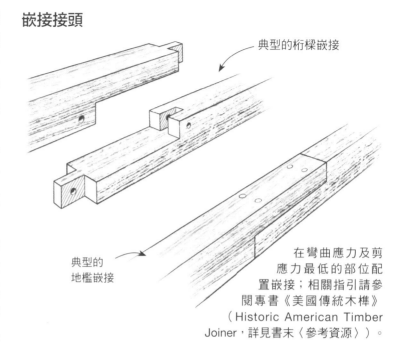

典型的桁樑嵌接

典型的地檻嵌接

在彎曲應力及剪應力最低的部位配置嵌接；相關指引請參閱專書《美國傳統木榫》（Historic American Timber Joiner，詳見書末〈參考資源〉）。

屋頂斜度較緩，在構架後端屋簷側的牆面可以加蓋一個 4'（1.2m）的空間。

屋簷側牆面的增建

這個版本是利用偏心的中央跨架來創造一個較大的隔間，用來停放牽引機。要注意，後方繫樑接入支柱的位置比主繫樑來得低，因此只需要一個簡單的榫眼–榫頭接頭即可因應。然而在後端的牆上，後方繫樑則與桁樑在相同的高度相連，因此需要參照 P. 146 的說明來施作接合部。

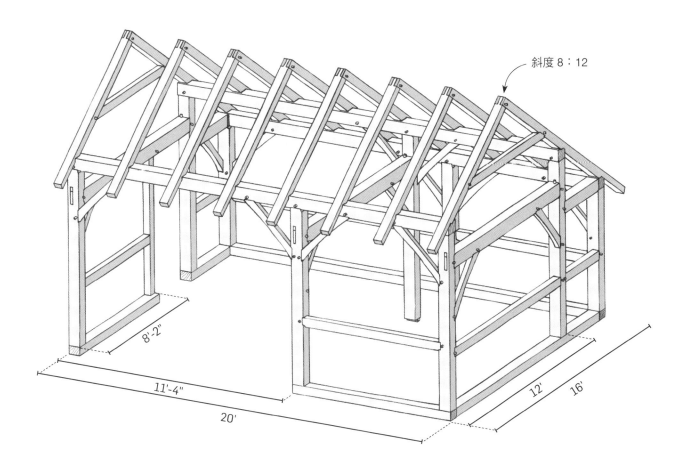

斜度 8：12

8'-2"

11'-4"

20'

12'

16'

支柱的高度會稍低於主繫樑。而這些較低的繫樑與增建結構的外側桁樑要在相同高度互相連接，以維持高度。由於外側支柱是從下方接入桁樑，以這個情形來說會需要不同的接合部，如下圖所示。

由於椽條的兩端都受到支撐，因此在繫樑與桁樑之間的接合部不會有外推力，而在不需要提供繫結作用的情況下，使得接合部變得簡約。也由於椽條的腳部沒有外推力，我們可以採用一種如下圖一樣的簡單鳥嘴接頭（birdsmouth joint），以此取代梯狀膝形椽條座。

鍵片接合

一如前頁展示的構架，延伸的繫樑必須從夠低的位置來連接支柱，避免影響主繫樑上的楔形燕尾榫。在這樣的情況下，這些外部繫樑的兩端可以施作簡易的 4"（10）榫頭。如果主次繫樑太靠近而相互影響，可以利用鍵片接合的方式把兩者連接起來，同時提供所需的繫結作用。

鍵片接合是利用一片額

外的硬木或 LVL（單版層積材，laminated veneer lumber 的縮寫）構件來連接高程相同（或幾乎相同）、從相對的兩個方向分別接入支柱的樑。由於支柱內部並沒有足夠的空間讓每根樑都插入夠長的端部榫頭，因此我們可以利用鍵片穿過支柱，延伸到兩根樑的長型榫眼當中加以固定。這麼一來，一根樑可以直接連接至另一根樑，而支柱上不需要有任何插銷。當接合部位需要提供一定的繫結能力，這種做法特別有用。

鍵片要有足夠的長度，

樑和桁樑在支柱的頂部相接

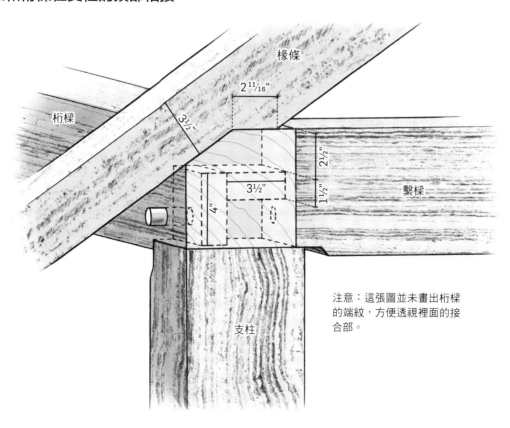

椽條

桁樑

2 11/16"

3½"

2½"

1½"

3½"

4"

繫樑

支柱

注意：這張圖並未畫出桁樑的端紋，方便透視裡面的接合部。

才能至少伸入 14"（36；達 16"〔40〕更好）到兩根樑裡面，尺寸則要達到厚 1-1/2"（3.8；採用 LVL 的話，厚度要達到 1-3/4"〔4.4〕）乘以寬 3-1/2"（9；深度超過 10"〔25〕深的樑，鍵片寬度要有 5-1/2"〔14〕）。鍵片的兩端分別插入兩根插銷就足夠發揮作用；插銷相距大約 4"（10）並且稍微錯開，就不會沿著紋理排成一條線。這部分如果是 LVL 鍵片不會有問題，不過由於大木的纖維是沿著長向分布，鍵片上的拉應力如果沿著某個剪切面集中的話，會使得木料分裂。因此，錯開插銷的配置，應力就能沿著幾個不同的纖維面分布出去。外側插銷要距離鍵片端部約 5"（12.7）。如果兩根樑的高度稍微不同，鍵片可以一邊插入下方樑的頂部、另一邊插入上方樑的底部。

在比較早期的大木構架中不會見到太多鍵片，因為長榫眼很難製作，儘管使用手工具也一樣。時至今日，電鋸和帶狀開榫機使得這個困難的接合方式變得更容易執行，因而協助解決了樑在支柱同樣高度位置相接的複雜問題。

鍵片接合

硬木鍵片寬 1-1/2"（3.8）x 深 3-1/2"（9），放樣位置要距離放樣面 2-1/2"（6.4）。

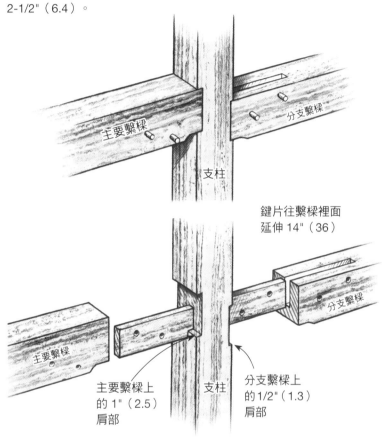

這個「上下」鍵片分別插入一根樑的頂部和另一根樑的底部。鍵片經常用來連接從四個方向、在同一個高程上接入支柱的樑。

加蓋一座 8'x8' 的增建物

從屋簷側的牆體向外加蓋一座 8'（244）寬的增建物時，會需要改變屋頂斜度。由於增建物的繫樑高度很靠近主繫樑，因此兩者之間要利用 P. 147 介紹的鍵片方式來接合。

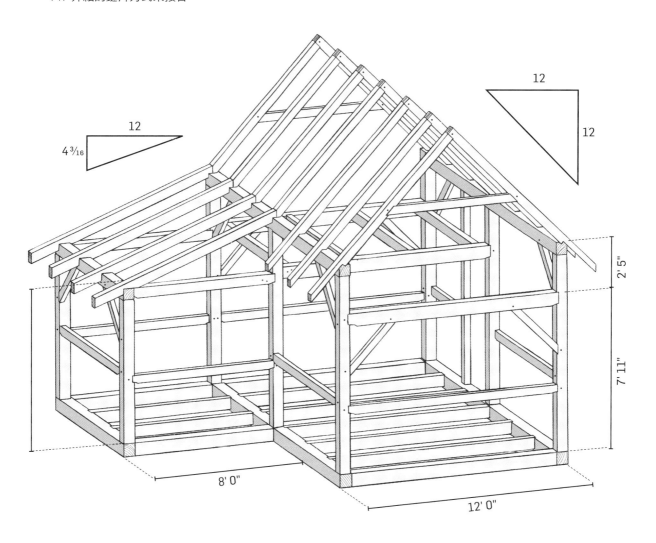

加蓋一座 10'x16' 的增建物

這座從屋簷側牆體向外加蓋的 10'（305）完整增建物需要更低緩的屋頂斜度（3-5/16：12），而且主要屋頂斜度要降至 10：12。在寒冷氣候地區，兩座屋頂的交界必須以能夠免受冰雪侵害的保護材妥善封住。

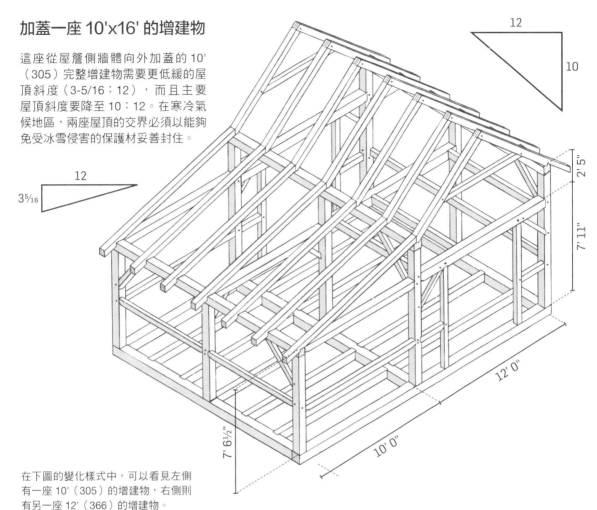

在下圖的變化樣式中，可以看見左側有一座 10'（305）的增建物，右側則有另一座 12'（366）的增建物。

8 構架組立

一旦裁切完接合部，你終於能夠迎來努力工作的回報：組立的大日子！
看著構架組合在一起，你心裡會油然升起極大的滿足感，不過伴隨而來
的責任則是要將構架安全又有效率組立起來。

組立日的裝備需求

協助組立構架的方法和裝備有許多，例如吊車和起重架可用於大型構架、或是只有少數人參與的狀況。然而只要你提供可以讓人站上去的適當支撐，本書的核心構架只需要十來位朋友就可以一起輕鬆組立。這項工作需要十二塊長度足以跨越結構的高品質鋪板（2x8 或 2x10 的木料）。這些鋪板在構架組立之後會降到樓版構架上，方便人員組裝跨架。組好跨架並且置入斜撐之後，隨著牆體圍樑的組裝，鋪板可以再移到繫樑高度，在往上遞送桁樑時方便人員站立。分別將四片鋪板靠著兩側的外牆排列，另外四片鋪板則排在構架中心，以利固定椽條的尖端。

在開始組立之前，先從大木端部切下十二塊同樣尺寸的木料（在處理大木時不要把這些丟掉！）用來墊高跨架，這樣工作人員得以把手伸到構材底下。另外，手邊至少要準備四根 10'（305）長的 2x4 木料，做為跨架的臨時支撐，並以重型木螺釘或雙釘來固定。

要準備的額外裝備還包括梯子、以及至少一對鋸木架。鋸木架很方便把跨架舉到某個高度，並且在最後一次抬升要重新分組時，用來支撐跨架。其他非必要工具可能包括用來拉攏跨架的繩索、手拉器（come-along）、或是棘輪綑綁帶（ratchet strap)。不過因為已經有了合適的接合部和拉孔，通常不太需要這些工具。如果你強迫接合，接合部會變得太緊。

在整備基地時，要盡量除去基礎周圍的障礙物並加以整平，大木和工具搬運起來會更加安全且容易。最好將大木傳遞給在障礙物另一邊的人，不要一邊跨過障礙物、一邊搬運大木。

提醒

首先，在整個組立過程中要謹記幾件重要的事：

➔ 在組合榫眼 - 榫頭接頭之前，先確認榫眼裡面是否乾淨而無木屑或其他碎片。確認榫頭尺寸不會過大、榫眼也夠深，這是很好的做法。在開鑿榫眼時，很容易會忘記加上凹槽的深度。

➔ 插銷要削成錐形以利拉緊拉孔。

➔ 在栓入插銷之前，檢查插銷孔內是否乾淨，以及拉孔不會過大（至少要能在榫頭中看到一半的插銷孔）。

➔ 所有插銷都從放樣面打入，要筆直地敲打，以免插銷裂開。

注意安全！

職業安全與健康管理局（OSHA，Occupational Safety and Health Administration 的縮寫）為非受雇志願者以外的其他受雇者指示了一系列防墜的相關措施和其他程序。然而，做為土地產權的所有者和組立活動的組織者，你有責任盡力且適當地為你的組立團隊打造安全的工作環境，包括告知建築物的尺寸規模和工作時程等。

➔ 梯子要有適當長度，頂部和底部要固定妥當。

➔ 你的親朋好友要有良好的體魄，才能在構架上攀爬和舉起重物。

➔ 在組立構架前先舉辦安全講習，指出危險所在，並且公告組立的程序。

➔ 指派一位不會在構架上工作的專責人員來監控基地和整個工作流程，在危險發生時為其他人指出危險的狀況並居中溝通。

➔ 要求所有在大木下方的工作人員或其他人員配戴硬質安全帽。

➔ 絕對不要把工具留在任何可能從大木上掉落而擊中下方人員的地方。

➔ 在組立屋頂構架的高處作業過程中，盡可能攜帶最少量的工具；所有工具都必須妥善固定在使用者身上

➔ 用來站立的鋪板不能有鋸口或大型樹節，而且至少要有 1-1/2"（4）的厚度。如果可以疊雙層鋪板，形成 3"（8）厚的平台，並覆蓋繫樑頂部的全部區域，就會更加安全。如果你已經取得牆面木板和屋頂的外覆層，也可以善加利用，因為它們具有足夠的厚度。

➔ 有人正在操作鑿刀時，其他工作都必須停止。

➔ 注意聽從組立領班的指示，減少不必要交談，並且隨時注意身邊正在發生的事情。

組立計畫

在開始組立之前，最好先撰寫一套腳本來幫助你想像和計畫過程中的每一個步驟、預期所有可能發生的問題。以下的說明是組立 12x16 核心構架的腳本範例。

組合樓版構架

1 將一根長地檻放在基礎上，將兩根短地檻的榫頭和削成底面榫頭的樓版格柵插入長地檻。在施作對側的長地檻時，利用插銷緊固樓版格柵，將接合部輕輕接在一起。再將另外一根長地檻裝到該有的位置，確認接合部全部就定位（沒有厚的或寬的榫頭，也沒有過小的榫眼），再敲入足夠長度的插銷，使所有接合部位的肩部都能貼緊。

2 從構架的其中一角丈量到另一角的對角線長度，以便在基礎上大致調整構架的方整度；對角線的長度要差不多一致。之後將插銷敲入定位，當插銷碰到下方基礎時就要停止（詳見 P. 152）。

1

2

插銷作業提示

● 在組裝過程中，一直到確認所有構件都能順利插入且尺寸正確，再將插銷敲到定位。發現錯誤很正常，例如排列錯誤的插銷孔、或是位置錯誤的榫眼等等，而你也許會需要把組合拆開以處理單一構件。如果組裝部位有局部已經緊緊拴住，就可能很難移除插銷。

● 插銷完全固定好之後，將它鋸切到跟樓版齊平。其他部位，例如牆面或屋頂的組裝，在外覆層的外側鋸掉插銷；內側則可以留下一段較長的插銷當做掛勾使用，除非插銷位在眼睛高度、或可能引發其他明顯的危險。

3 （有需要的話）將樓版構架墊高、高度調整到水平。一邊測量對角線的長度，一邊調整構架的方整度，直到對角線完全相等（差異在 1/4"〔0.6〕以內），這是最後一次調整樓版構架的方整度。嵌入剩下的樓版格柵。在樓版構架上面鋪設臨時的鋪板或夾板，以策安全。

3

組裝並立起跨架

1 將支柱底部的短榫對準榫眼排列，以便將跨架 1 和樓版構架組合起來。所有跨架的參考面都要朝上。在插入斜撐和圍樑時，將支柱接到繫樑的楔形燕尾榫上。利用插銷來拉合接頭，或將一塊楔塊和 1"（2.5）的插銷敲入燕尾接頭來代替。當所有接頭都貼合之後，再將插銷敲至定位。要隨時注意插銷底下的情況。

1

2 立起跨架 1。安排兩個人在每根支柱的跟部檢查短榫是否確實插入榫眼，需要時可以使用大木槌來調整。確保人員的手遠離支柱底部；撬棒（pry bar）是調整支柱、在支柱進入地檻榫眼時用來支撐的好用工具。利用臨時的斜撐（2b）來確保跨架保持垂直。

2a

大木作業提示

在立起第一道跨架之前，把一枚刻著當年度數字的硬幣放入短榫榫眼中（這是傳統！）。

2b

3

3 比照跨架 1 的程序,接著組立跨架 2 和跨架 3。在組立時,插入必要的隔間圍樑。

4 將鋪板橫跨繫樑的兩端(或是架設平台),供人員站立。

4

組立桁樑

1 利用繩索將桁樑抬到要組裝的高度（套拉索方法）、或者在人力足夠的情況下將桁樑抬起。

2 將桁樑的斜撐插入支柱當中，並利用支柱上的拉合插銷將它們拉到定位。將桁樑抬到支柱與斜撐的榫頭上，此時每根斜撐旁邊都要有人負責看著桁樑確實放入榫眼當中（2a）。需要時可以使用大木槌來調整（2b）。

1

2a

2b

套拉索

不幸遇難的郵輪歌詩達協和號（Costa Concordia）和大木構架有什麼共通點呢？她（還有歷史上許多沉船）的翻覆船身是以套拉索（parbuckling）的方式來拉正。這是一種運用旋轉槓桿作用舉起圓柱狀物體的傳統方法，伐木工也經常以此將圓木拉到貨車上運送。

套拉索的過程是將繩索從支柱的頂部往下降（繩索要從插銷孔穿過去綑綁支柱），降到放在下方鋸木架上的桁樑底下，繞到桁樑的外側，再拉回到上方人員的手中。可能的話，讓繩子遠離接合部位。現在上方人員有了 2：1 的力學優勢，可以輕鬆拉動繩索，將大木從構架的側邊捲上來。如果插銷或楔形榫未被切除的話，下方人員可能就要從旁引導。

當人員將木材拉到頂部時，必須超過支柱的榫頭、或先放在鋪板上，拆掉穿過插銷孔的繩索再進行安裝。理想中，桁樑在往上拉的過程中，翻轉次數會正好讓榫眼翻到支柱的榫頭上——不過拆掉繩索的動作會因此變得困難。

立起椽條

1 為了使人員能夠碰到椽條的頂部，你可以在建築物的中央，將鋪板鋪在兩端繫樑上；或者在構架某一端，將鋪板橫跨桁樑、鋪在椽條座之間。在地面先行組合第一對椽條和頸樑，之後將此組合構架舉高給上方人員，小心不要在椽條的尾部過於施力（1a）。如果山牆出簷部分的最後一組椽條不設置頸樑，那必須先把有頸樑的椽條組合放在團隊後方的鋪板上，再分別吊起兩根末端椽條。先安裝好末端的椽條組合，再來定位有頸樑的椽條組合。

以兩根 20d 的斜釘或 4"（10）的木螺釘將椽條的尾部固定到椽條座上，確認椽條是鉛直的（1b）。儘管重力有助於將椽條維持在這個位置而不需要加以固定，不過任何施加在椽條尾部的上抬力（或者因為風吹在屋頂上所引發的吸力）都可能導致椽條被抬起來。螺釘能夠發揮有如夾子一般的作用，比起其他木插銷，更能確實將屋頂往下拉住，而且木插銷在破壞時所拉扯出來的木料可能會比釘子或螺釘都還

1a

1b

組立計畫

要多。

　　確認垂直情況最好利用較長的水平儀、或是鉛錘來確保椽條面（跟底部構架外側齊平的那一面）垂直於繫樑的外側。

　　當其他椽條一根一根拿上來、在頂部栓入插銷的同時，鋪板可以慢慢地沿著桁樑移動。這時候還不需要調整椽條的垂直度，因為下一步驟是要等椽條都定位後，把它們間隔開來。

2 在地面將最後一組椽條與頸樑組合好，將它舉高給屋頂人員安裝（2a）。確認最後一組椽條垂直於繫樑，並將間隔版（spacer board）採取對角線的方式橫跨所有椽條釘定，以維持適當的間隔。這些間隔板可以使用先前用來支撐跨架的 2x4 木料，將它們鎖入椽條底面，協助將椽條維持在該有的位置，直到屋頂外覆層安裝完成為止。

3 最後釘上新鮮的樹枝叢，就可以慶祝組立工作順利完成了！

2a

2b

3

在屋脊上釘一束新鮮的樹枝叢是屋頂構架的完成儀式（最好取來跟構架同樣的樹種），這個做法象徵著重種下建築物的根系，代表房屋歷久彌堅，也向成就這座結構的樹木表達敬意。

移除插銷

如果需要移除插銷，你可以嘗試下面幾種方法：

➡ **敲擊螺栓（A）**：找一根直徑 1/2"（1.3）的長螺栓（長約 10"〔25〕），然後在螺栓頭對向的螺栓末端鑽出一個輕微的凹處。這個凹處能夠對到插銷的尖端，能夠幫助插銷往其敲入的反方向敲出去。

➡ **拉拔器**：如果你能找一把（附有滑動把手的）拉拔器，且其端部能夠接上一根 1/8"（0.3）螺絲的話，就可以將螺絲旋入插銷的端面、將插銷拉出，做法就像是你去除板金上的凹痕一樣。

➡ **木螺釘（B）**：將一根木螺釘（timber screw）鎖到插銷的端面，再用拆除棒拔出插銷。這個方法不見得每次都有效，因為木螺釘可能會讓插銷裂開。

➡ **羊角榔頭（C）**：插銷之所以卡住或需要拉出，最常是因為發生過度拉孔、或插銷在半途裂開的情形。你可以拿一把直的羊角榔頭，將羊角貼著大木表面、卡入插銷中。使用木槌重複敲擊榔頭以將羊角提起，像是要拔出釘子一樣。在插銷退出過程中，要重新調整羊角的位置。

警告：務必配戴安全眼鏡！使用一把經過淬火硬化的金屬工具去敲打榔頭上的淬硬金屬頭，會導致工具碎裂並彈出碎片。

A

B

C

9 基礎及圍封系統

大木構架只是這個建築系統中的一個要件，你必須思考它該如何與其他部分共同運作。這一篇我們將解釋基礎、圍封、和隔熱的基本選項；這些構成要件都受到採用的構架系統類型所影響，反之亦然。剩下的裝修選項，例如樓版、飾條、門窗則不受構架系統的影響。

基礎

這些構架要設置在連續基礎（foundation）上、或是配置在每根支柱下方的基樁（pier）上。許多建築部門並不會要求附屬建築物，比如儲藏間，必須施作延伸至凍結線以下的延伸性基礎。如果不涉及配管工程，建築物可以「浮」在淺碎石床（碎石直徑至少 3/4"〔2〕）中的獨立基礎版、石頭、或砌石上。如果哪天你想移動結構（那建築規模勢必得夠小）、或者之後想將較小的結構附加到一個比較大的結構上，這樣的基礎就很適合。在處理這樣的浮式基礎（floating foundation）時，對凍結作用的本質有所了解會很有幫助，因為凍結作用是以一股巨大的壓力從下方抬起所有的東西。而如果基地的排水良好，就不會積水在碎石床上；碎石之間的空氣間隔也能在不隆起的情況下提供凍結作用所需要的擴展空間。要在每一塊基礎版上面堆石，並且確認地面都朝著同一側傾斜。

如果要在樓版格柵之間進行樓版隔熱施工，你會想將樓版格柵從基礎往上抬高至少 18"（45），以便稍後有需要時深入樓版格柵的底部作業。這個做法除了能夠避免家畜和濕氣進入構架系統，也方便你在屋頂覆蓋完畢後，再來施作隔熱和底面的圍封。

混凝土基礎

如果構架要附加到一座比較大的建築物上，或單純只是想要一座無法移動的「堅實」基礎，你會想將基礎施作到凍結線以下（如果位處可能發生凍結的環境），利用基樁、或一道連續的基礎牆和基腳，將構架確實抬離地面。基礎的施作很簡單，它能讓結構下方區域對保持環境開放；連續牆面則會包圍這個低矮的空間，讓它維持在比較溫暖的狀態。基樁或連續基礎牆都可以採用防腐木材（例如白橡木、刺槐、或是經過抗壓處理的基礎等

這些直徑 8"（20）的混凝土樁是從構架的外側嵌入，因此壁版可以往下延伸超過樁頂。

基礎的平面圖

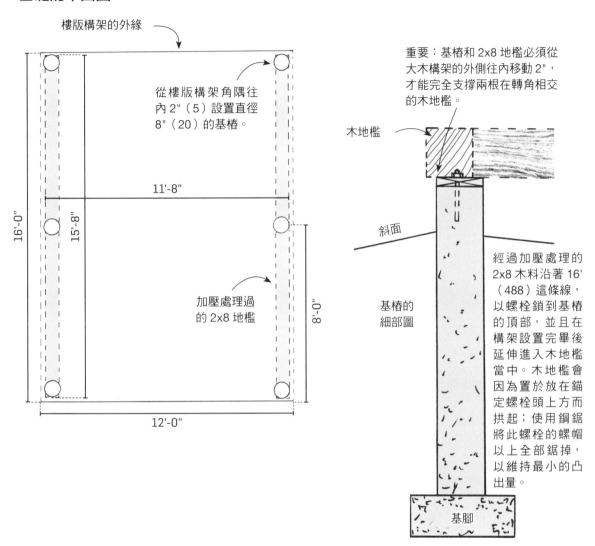

樓版構架的外緣

從樓版構架角隅往內 2"（5）設置直徑 8"（20）的基樁。

11'-8"

16'-0"

15'-8"

加壓處理過的 2x8 地檻

8'-0"

12'-0"

重要：基樁和 2x8 地檻必須從大木構架的外側往內移動 2"，才能完全支撐兩根在轉角相交的木地檻。

木地檻

斜面

基樁的細部圖

經過加壓處理的 2x8 木料沿著 16'（488）這條線，以螺栓鎖到基樁的頂部，並且在構架設置完畢後延伸進入木地檻當中。木地檻會因為置於放在錨定螺栓頭上方而拱起；使用鋼鋸將此螺栓的螺帽以上全部鋸掉，以維持最小的凸出量。

基腳

級〔foundation-grade〕木料）或混凝土塊來施作；不過在我們這裡，大多都是以混凝土配合模版而澆置成形。

　　上面這張基礎的平面圖畫的是有基腳的樁基礎延伸到冰凍線以下的範例。如果你採用附有錨定螺栓的場鑄

混凝土基樁，最好把樁放置妥當，才不會超出建築物的邊緣，而形成容易積水的台面。（參見上圖）務必要將基樁從外側往內移動 2"（5），而這也為地檻的接合部位提供了額外的支撐。經過加壓處理的 2x8 木料以螺栓固定

到基樁的頂部進行接合。在構架立起來之後，將木螺釘穿過這根木料並且深入木地檻的底部。這些 2x8 木料不應該超出木地檻的外緣；牆面的外覆層可以往下包住木料，並且釘到木料上，以獲取額外的穩定度。

構架也可以搭配任何一種形式的連續基礎，例如場鑄混凝土牆或混凝土版。而在這樣的基礎上，就不需要施作大木構架的樓版系統，因為地檻不需要橫跨開放的空間。2x6 的防腐木料通常會以螺栓往下鎖住，並且在上面搭建有如一般框架構架的樓版（如果不是版式基礎）。支柱應該架設在下方樓版格柵的組合木塊上，而其短榫則應嵌入你在底層樓版中開鑿的榫眼。擺放組合木塊時，使其紋理呈垂直，使乾縮作用降到最低。外牆的外覆層則要做出懸挑，並盡可能地釘定到地檻上，藉此將結構往下穩固住。

如果結構要施作隔熱層，這部分也將影響構架與基礎的接合細節。

構架與基礎的接合細部圖

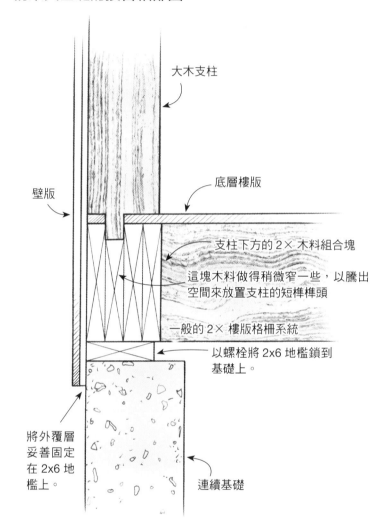

大木支柱

壁版

底層樓版

支柱下方的 2× 木料組合塊

這塊木料做得稍微窄一些，以騰出空間來放置支柱的短榫榫頭

一般的 2× 樓版格柵系統

以螺栓將 2x6 地檻鎖到基礎上。

將外覆層妥善固定在 2x6 地檻上。

連續基礎

隔熱層與圍封

以這樣小型的大木構架空間來說，使用小瓦斯爐、木材或電熱爐很快就能加熱。如果空間偶爾才需要加熱，就不需要太多的隔熱措施；不過在寒帶冬季全日使用的情況下，相較於儲藏間覆蓋的木板、壁版、和屋頂，你還會想採取更多措施。儘管你會想要像歐洲傳統的填充構架（infilled frame）那樣讓大木構架的外部像室內一樣地外露，但千萬別在北美的寒冷天候中考慮這種形式。在寒冷天候中，以隔熱的外殼（envelop）完全封閉大木構架是非常重要的措施，沒有了這層分離的保暖阻絕，大木會收縮且在填充系統中裂開，導致水氣凝結而腐朽。

包膜和釘版條

有一種隔熱和圍封系統稱作「包膜和釘版條」（wrap and strap），包括好幾道由內而外組成的不同分層。典型的剖面包含一道乾式牆體或以舌槽方式接合的木板、1-1/2"（3.8）或更厚的擠型聚苯乙烯（保麗龍）或聚異氰脲酸酯（PIR）發泡隔熱層，加上垂直或水平的 2x4 釘版條、建築合成包膜（housewrap）形成的氣密層，再將水平或垂直的壁版釘到釘版條上。

屋頂也可以採用類似的系統，但你可能會想削除椽條的尾部來提高氣密性。在這種情況下，增加第二層釘版條，往外出挑、形成屋簷，讓屋頂透氣。視你採用的屋頂形式來決定釘版條的方向，以及是否採用夾版材質的外覆層。

牆體和屋頂中的 2x4 釘版條都必須垂直於大木。在牆體中，它可以垂直地跨過圍樑或是水平地跨過支柱；而在屋頂上，它則會水平地橫跨椽條。釘版條要以木螺釘穿過室內裝修材固定好，且至少要往大木內部深入 1-1/2"。如果你增加第二層隔熱和釘版條，要讓它垂直於第一層。為了方便後續施作其他系統（例如在室內設置水平版），你甚至可以在大木構架中以垂直的間柱來取代水平向的圍樑。

在牆系統的底部鎖上一道厚 1-1/2" 的連續釘版條，以封閉老鼠、螞蟻等動物的入侵途徑。如果你採用比較厚的牆系統，樓版下方最好也設置比較寬的底層地檻，除了藉此支撐牆體隔熱系統，也為樓版構架的邊緣提供隔熱。至於木質壁版，建議留設一道 3/4"（1.9）的空氣層、或在壁版的後方加一道雨淋版（rain screen）來幫助乾燥；底部的雨淋版則一方面提供空氣對流，另一方面防止害蟲進入。

如果你想在構架外部加裝多於一、兩層以上的版材，門窗通常會由附帶隔熱層的相同構架來支撐，而大木構架。這些針對牆體的各種不同做法都將影響門窗的安裝和收邊。在處理細節的時候，建議參閱良好的構造書籍（詳見書末〈參考資源〉），或者多向合格的構造專家諮詢。

下頁圖例將說明「包膜和釘版條」的四種做法，並分別搭配水平或垂直壁版與不同的隔熱層次變化。

包膜和釘版條：四種做法

A. R-10 隔熱層，水平壁版

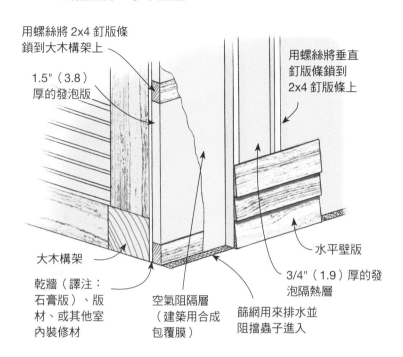

用螺絲將 2x4 釘版條鎖到大木構架上

1.5"（3.8）厚的發泡版

用螺絲將垂直釘版條鎖到 2x4 釘版條上

大木構架

乾牆（譯注：石膏版）、版材、或其他室內裝修材

空氣阻隔層（建築用合成包覆膜）

篩網用來排水並阻擋蟲子進入

水平壁版

3/4"（1.9）厚的發泡隔熱層

B. R-7.5 隔熱層、水平壁版

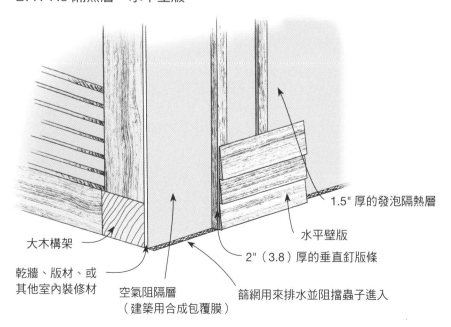

1.5" 厚的發泡隔熱層

水平壁版

大木構架

2"（3.8）厚的垂直釘版條

乾牆、版材、或其他室內裝修材

空氣阻隔層（建築用合成包覆膜）

篩網用來排水並阻擋蟲子進入

R 值

R 值是建築物材料抵抗熱流的度量單位，通常用來指定隔熱材料的效能。擠壓成形的聚苯乙烯發泡版每英吋 R 值大約是 5，而聚異氰脲酸酯發泡版每英吋約 7～8。木料如夾板或壁版每英吋約為 1。建築法規可能會要求一般住宅牆體的 R 值要達到 25 以上，但對小型建築物來說並不需要，因為你可能會使用較大型的設備（例如火爐）來加熱。在達到足夠隔熱程度的前提下，本書主要介紹的小型建築物有可能只以電燈來加熱。

C. R-15 隔熱層、垂直壁版

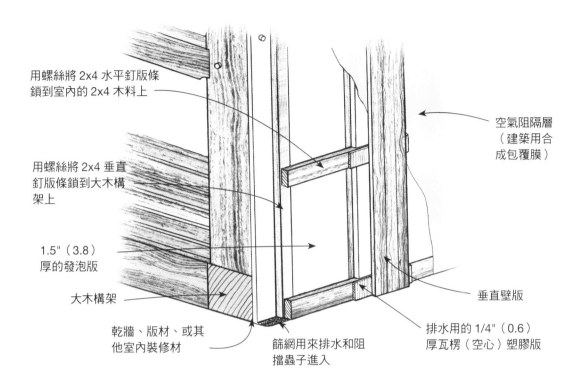

用螺絲將 2x4 水平釘版條
鎖到室內的 2x4 木料上

空氣阻隔層
（建築用合
成包覆膜）

用螺絲將 2x4 垂直
釘版條鎖到大木構
架上

1.5"（3.8）
厚的發泡版

垂直壁版

大木構架

乾牆、版材、或其
他室內裝修材

篩網用來排水和阻
擋蟲子進入

排水用的 1/4"（0.6）
厚瓦楞（空心）塑膠版

D. 無隔熱層、垂直壁版

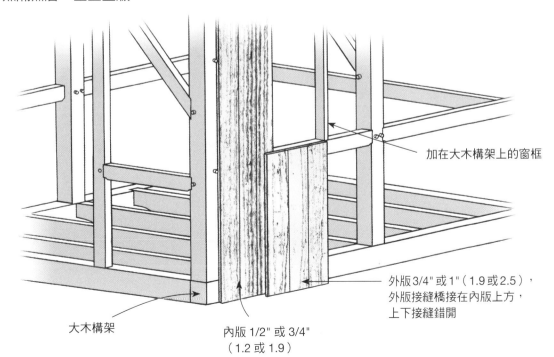

加在大木構架上的窗框

大木構架

內版 1/2" 或 3/4"
（1.2 或 1.9）

外版 3/4" 或 1"（1.9 或 2.5），
外版接縫橋接在內版上方，
上下接縫錯開

結構型隔熱版

大多數現代大木構架住宅的牆體和屋頂都採用結構型隔熱版（SIP）來隔熱，這是一種以發泡材和夾板或定向粒片版（OSB）組成的夾心版。結構型隔熱版有多種厚度，要使用長螺栓固定到構架上。安裝到牆上時，SIP 和大木外側面的中間會墊入一道 5/8"（1.6）厚的夾板條將兩者隔開。安裝好 SIP 之後，你可以在大木的後方塞入一面 1/2"（1.3）厚的乾牆石膏版，並以螺絲鎖到 SIP 的內側面。在屋頂部分，石膏版通常會漆上塗料，而且在安裝 SIP 之前就先鋪在椽條上——這道工序要在乾燥的天候中施作！

依據厚度和加工項目的不同（預切、安裝到邊緣的木料上、設置電線溝槽等），SIP 版材每平方英呎要價在 5 美金到 10 美金之間（約合台幣 150 到 300 元）。安裝技術對大多數的人來說都是很易如反掌的，不過因為版材很重，每平方英呎、每英吋厚度大約重達 1 磅（0.45kg），要將這樣的材料舉到屋頂高度可能會讓人卻步。最關鍵的安裝步驟在於使用發泡噴

結構型隔熱版

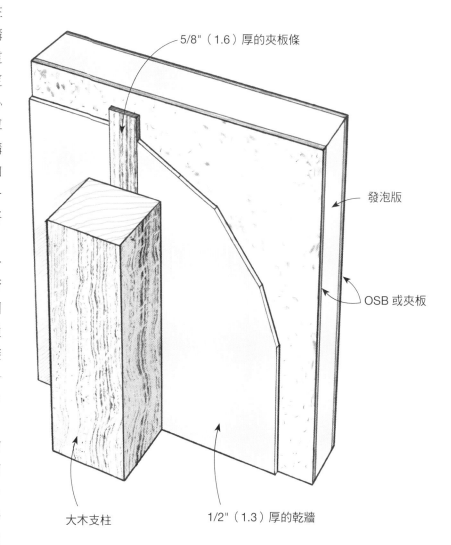

5/8"（1.6）厚的夾板條

發泡版

OSB 或夾板

大木支柱

1/2"（1.3）厚的乾牆

霧（spray foam）將版材的接合處密封起來；連續性的密封非常重要，因為任何縫隙都會導致熱損失集中，在某個特定區域出現凝水狀況，然後就可能導致腐朽。

由於只需要增加少量的構架，SIP 能夠省下非常大量的勞力，而壁版和室內裝修材又可以直接鎖進或釘入版材的表面。不過，SIP 材料比你自己施作的包膜和釘版條系統昂貴許多，而且勞力的經濟性對小型建築物來說也是不什麼大問題。評估下來，合理而妥協做法應該是在開口較少的屋頂採用 SIP（也是你必須盡快圍封和隔熱起來的部分），牆體則採用包膜和釘版條系統。然而你會發現，僅僅為了屋頂、甚至是很小型的建築物去訂購少量的 SIP，並不會省下多少成本。除此之外，你還需要一些特定的工具來裁切和處理版材的邊緣。你可以租用工具，或者購買預切的版材來省下這些工序，包括裁出門窗的開口。不過，預切版材的費用較高，也少了在施工期間能夠任意改變門窗位置的彈性。

大多數 SIP 製造商都會提供實用的手冊來說明裝設的細節，以及安裝門窗的方式。

樓版隔熱

鋪設底層樓版（subfloor）之前，可以先在樓版格柵之間施作隔熱層。釘定一些釘版條到樓版格柵的側邊來支撐夾板的底面，然後就可以把隔熱材覆蓋進去。如果你的構架蓋在基樁上方，底面務必要裁切精準，並以螺絲固定到釘版條上，避免老鼠進入；你也可以利用水泥版或金屬網來施作額外的防護。另一個做法是在底層樓版的頂部和樓版完成面下方的 2x4 枕木之間鋪設 1-1/2"（3.8）厚的硬質發泡隔熱版，不過這會降低空間的淨高，並且需要調整門扇。

結構型隔熱版（SIP）有多種厚度，能在大木構架的外側形成一個緊密的隔熱外殼。為了配合構架，SIP 通常採取預切的做法，利用起重機來安裝，並且使用長螺栓固定。

後記

當你在親手打造的小型大木構架裡感受到無比的舒適與溫暖、沉浸在雙手得來的成果和木質美感氛圍之中，我們期望晉升為其中一分子的你也能好好地欣賞這門工藝的悠久傳統。而你也將有策略且負責任地從小型構架起步，在有需要的時候進行增建，並且不忘使用在地的材料。

芯木學校的哲學，也是我們與書中這幾座建築物業主所共享的信念，在此總結成下面這段文字：

我們希望在設計事物的過程中賦權給自己的一雙手、鍛鍊自身追求品質與美感的眼光，並且探索一種能夠與這顆星球更真摯以對的關係。我們相信人類尺度的社會會一邊超越過去、一邊成長。我們秉持清楚的信念，要以設計者和建造者的雙重身分成為環境中的創造者，索回我們建造場所的權利，藉以向未來將存在其中的生命表達衷心的關懷。

這與詩人蓋瑞・史耐德（Gary Snyder）在其著作《海龜島》（Turtle Island）裡面闡述的精神不謀而合：

在這顆星球上找到屬於你的一片土地並往下深掘。

專有名詞

大木槌	commander
大型的木槌，通常重 10 到 20 磅（約 4.5 到 9 公斤）；也稱為杵或重槌。	
山牆屋頂	gable roof
構成一個倒 V 形的雙斜屋頂。	
支柱	post
垂直或直立的支撐構件	
地檻	sill
配置在基礎上的水平大木，與構架中的支柱相互結合。	
木料	lumber
（標稱尺寸）2" 至 4"、尺寸較小的木構件	
木髓	pith
樹木莖部的中心	
水平；水平儀	level
呈水平向；跟地面平行；也指用來檢查水平或鉛直度的工具	
水平剪力	horizontal shear
當樑承受彎曲應力時沿著紋理產生的剪力。	

凹槽	housing
承接大木末端完整斷面的淺榫眼或凹處，以此承受載重；通常（但並非總是這樣）會跟標準的榫眼結合以增加承載面，再藉由榫頭來固定接合部。	
座	table
凹槽的寬面（凹槽座）	

外覆層	sheathing
適合用於外牆或屋頂的粗版或薄版覆蓋物，通常本身還會另外以防風雨材質的保護層加以覆蓋。	
生材	green wood
樹木剛砍伐下來，還未進行風乾或乾燥。	
收尾	relish
當榫眼是在非常靠近大木端部的位置鋸切時，收尾指的是在榫眼末端與大木末端中間仍保留的寬度和深度；在榫頭上，收尾則是指插銷孔和榫頭尾端之間的材料，其斷面尺寸相當於插銷穿過榫頭的路徑距離。	
扭轉	twist
大木表面與水平面的偏差情形；也稱為扭曲。	
材料尺寸	scantlings
為一組結構的組件所制定的標準尺寸；也指用來丈量和裁切一塊木頭或一塊石頭的尺寸。	
定尺	sizing
以手工刨削方式在接合部位置將砍下或粗鋸的大木修整到一致的斷面尺寸，或者利用機械來處理所有大木。	
底層樓版	subflooring
一層粗版或薄版材的覆蓋物，位在樓版格柵的頂部及樓版完成面的下方。	

拉孔	drawbore
傳統的拴緊技術，榫頭上的插銷孔刻意偏離榫眼上的插銷孔，再利用一根削尖的錐形插銷在組裝時將接合部拉緊。適當的偏移程度會依據樹種和規模而有所不同。	
拉伸	tension
材料分子即將被拉開時的應力狀態用。	
放樣	layout
大木在裁切之前的接頭圖；也指為了施作而預先以設計圖來配置大木的工作。	
放樣版	template
利用薄版材料製成的全尺寸模型，用來放樣和檢查接合部、或是其他用途。	
枕木	sleeper
放置在地面，用以支撐大木木料堆的大斷面大木。	
版	board
厚度 1" 以下的木材部件。	
版呎	board foot
相當於一塊 12" 見方乘以厚度 1" 的木材體積。	
直角	square
90 度角；也指具有 90 度角的度量工具。	
肩部	shoulder
在榫眼 - 榫頭的接合部，榫頭的肩部與頰面垂直，並且抵住榫眼構件的面；在榫頭構件上，肩部的數量最少一個、最多四個。	

※
9
～
10
劃

拱狀變形	crown
大木長度的彎曲情形；大木在橫跨構件的情況下要朝上放置，載重會將它愈拉愈直。	
直角基準法則	square rule
這種放樣系統預設在粗糙的外圍大木內部存在著一根比較小的理想材；接合部會鋸到這個內部理想材的位置。直角基準法則構架中的許多大木都可以替換使用。	
屋頂斜度	roof pitch
屋頂相較於水平線所呈現的傾斜度，通常是以水平走向每12"（1'）抬升多少英吋來表示。	
屋簷	eave
屋頂的滴水邊緣，通常會從牆體往外懸挑出去。	
扁斧	adze
裝有把手的利器，它的邊緣垂直於把手，用來塑形或修整大木。	
底面榫頭	soffit tenon
水平榫頭的下方頰面削到跟大木的下方表面共面	
柱樑系統	post-and-beam
主要以垂直和水平構件所構成的任何一種結構系統	
活載重	live load
除了結構永久重量之外的所有載重，包含人員、家具、積雪、風力、地震等等。	
倒角	chamfer
位於大木長向稜線上的斜切角，直接切到底或在端部之前停止；榫頭主要稜線上的斜切角，以利組合。	

套拉索	parbuckling
把繩環當做吊索來獲取機械利益（mechanical advantage），藉此將桁樑往上拉到支柱的頂部。	
套圖	mapping
這一套放樣系統是先將大木接合部的所有變化情形都間接記錄下來，進而轉換到另一根大木上。	
桁樑	plate
以正常的位置來說，是構架中最重要的縱向大木。它將跨架的頂部繫結在一起，在強化並連結牆體和屋面的同時，也做為椽條的基礎。	
框架構架	stick frame
這種構架以相對靠近的間隔來配置木料，接合部則以釘子來進行簡易的接合。	
紋理	grain
樹木的年輪、木質線與其他結構元素的圖樣隨著樹木生長的變化而凸顯出來。	

※
11
～
12
劃

乾縮	shrinkage
在乾燥過程中，大木的斷面和長度縮小。	
剪力	shear
材料分子互相錯動時的應力狀態，也指產生這種應力的力量。垂直（橫紋）的剪力載重也會引發水平（縱紋）的剪應力。	
參考面	reference face
在預備要放樣的大木上，尺寸會從此一主要的平面開始丈量（通常是承接樓版或牆體和屋頂外覆層的那一面）。大致上，每根大木都有兩道相鄰且相互垂直的參考面。有時候也稱為放樣面。	

基樁	pier
在基礎系統中設計用來承載垂直載重的實體支撐。	
帶髓芯材	boxed heart timber
帶有樹芯的大木。在這樣的木材上，由於裂縫不會穿過樹芯，因此不可能完全裂開。	
跨架	bent
與屋脊垂直的大木組合，通常是建築物的橫向框架，有時候會涵蓋椽條在內，在地面先組合完成後再往上舉至定位。	
控制點	control point
從大木上的這一點開始進行尺寸的放樣。	
斜切角料	cant
品質較佳的部分裁掉之後剩餘的木塊。	
斜撐	brace
任何在對角線上抵抗構架變形的大木（永久或暫時性的都算在內）。	
異向性	anisotropic
在不同方向上量測某一物理性質時，會得到不同的數值。舉一個簡單的例子就是木材，紋理長向上的強度高過於橫跨紋理的方向。	
細木工；榫接接合部	joinery
一種利用木作接頭來連接大木的工作；也指接頭本身。	
貫穿榫頭	through tenon
這種榫頭整個穿過其所接合的大木；可能會切齊、或延伸到榫眼構件之外，再以楔塊、或眾多方法中的一種來加以固定。	

軟木	softwood
松樹、雪杉、花旗松、或這類針葉樹或常綠木的木材。	

圍樑	girt
在地檻與桁樑之間的某個高度跟牆面支柱接合的水平大木。牆面圍樑平行於屋脊，跨架圍樑則垂直於屋脊；兩者都支撐著樓版構架的邊緣。	

嵌接	scarf
將兩個斷面相等的大木順著長向接成一根比較長的樑；也指這種接合方式的接合部。	

插銷	pin
堅硬大木做成的短柄，經常削成錐狀，用來拉緊或拴緊大木構架中傳統的榫眼 - 榫頭接頭；也稱為木栓（peg）或木釘（trunnel）。	

無芯材	FOHC
free of heart center 的縮寫。理論上，大木在伐鋸時如果避開木芯，乾燥時就不會出現裂縫。	

短榫	stub tenon
不設插銷的短縮榫頭，在組立過程中，專門用在將大木（通常是在支柱的底部）定位到較淺的榫眼上。	

硬木	hardwood
橡木、山毛櫸、桵、或這類落葉樹的木材。	

結構型隔熱版	SIP (structural insulated panel)
隔熱芯材與外面兩層版材黏結成的夾心版。	

裂縫	check
因為乾燥所引發的裂痕，通常會從木櫱延伸到最接近的表面；在大部分的情況下都不會引發結構問題。	

間柱	stud
設置在牆體框架或隔間中的小根垂直構件，通常僅用來當做牆面包版的固定釘條。	

間隔	bay
兩道跨架的間距；結構性橫向構架之間的區域。	

※ 13～14 劃

新鮮樹枝叢	wetting bush
屋頂構架完成時，將一束儀式性的樹枝釘在屋脊上（理想上，要與構架的樹種相同）。這個做法象徵著重新種下建築物的根系，代表房屋歷久彌新，也向造就這座結構的樹木表達敬意。	

橡條	rafter
在屋頂構架中，從屋簷跨到屋脊的任何斜向構件（全長或只占部分長度的都算在內）。	

楣	header
用來橋接門窗開口的牆體構件。	

稜線	arris
相鄰大木彼此相接的兩邊。	

跨距	span
以屋頂構架來說，跨距是指橡條覆蓋的水平距離；在樑上則是指兩根相鄰支柱或其他支撐構件之間不受支撐的距離。	

載重	load
施加在結構上的力量	

鉛直度	plumb
垂直；與地面垂直	

劃線法則	scribe rule
放樣系統的通稱，在這個系統中，每一根大木都與其相鄰的構件個別配對。過程中需要將組合中的所有大木排列在構架施工場所或樓版上，並以最終要安裝到建築物上的位置來擺放。放樣過程中的變化會直接在大木構件之間轉換。	

墊木	sticker
塞到大木料堆或木板堆當中、用來幫助通風的隔件。	

大木	timber
最小尺寸 5" 或更大的大尺寸方整料或整理過的料，用來製成結構構件。	

大木構架	timber frame
大型大木構架，其屋頂、牆體、和樓版是利用結構性的木接頭和小尺寸的支撐大木接合及緊固而成。	

對接	butt joint
兩根構件相接卻不穿入彼此，利用重力、其他大木或金屬加工件來固定。	

榫眼	mortise
榫頭插入的長方形凹口	

榫頭	tenon
在大木末端鋸出的長方形凸塊，側邊會施作一道或多道尺寸合適的肩部，以配對相應的榫眼。	

彈性模數	modulus of elasticity
材料剛性（stiffness）的度量單位；施加應力（單位面積的力量）到讓材料拉緊（變形）的比率。	
撓曲	deflection
結構在載重情況下的運動。	
樑	beam
任何建築構架中最重要的水平構件。	
樓版格柵	joist
相對來說是比較小的大木，通常以規律間距排列成組，用來支撐樓版或天花。	
標稱尺寸	nominal size
在最終定尺之前所鋸出或砍出來的大木尺寸；也指用來稱呼的尺寸（例如 5x7、8x10 等）；實際的尺寸可能會比標稱尺寸來得大或小。	
輻刨	spokeshave
兩翼把手與刀片邊緣齊平的極短型刨刀，利用推拉動作來刨出並修整曲面的造型。	
鋸口	kerf
使用鋸子鋸出的槽口。	
鋸木廠法則	mill rule
這一套放樣系統使用裁切到正確尺寸且完全方整的大木。	
錐形	taper
榫頭、大木、或插銷的斷面尺寸逐漸縮減。	
靜載重	dead load
建築物的重量（屋頂、樓版、牆體等）。	

頰面	cheek
榫頭的寬面；與榫眼相對應的面，榫頭肩部通常與頰面互相垂直。	
頸樑	collar
在一對相對的椽條之間插入的水平構件，依據所在位置，可用來防止椽條下垂或岔開。	
壓縮	compression
材料分子在應力下傾向擠壓聚攏的狀態。	
縮減	reduction
在榫頭構件插入凹槽的部位削減其斷面積的大小。	
縮減的凹槽	diminished housing
肩部傾斜的凹槽，這個做法可以讓榫眼構件要去除的材料量減到最少。	
嚙接	bridle
一種位在端部的開放式榫眼 - 榫頭接合，例如在椽條脊部或是地檻角隅接合部；由於榫眼的某一端保持開放，也稱為舌叉接頭（toungue-and-fork）。	
繫樑	tie beam
重要的水平橫向構架構件，用來抵抗屋頂將牆體外推的傾向。繫樑可以裝設在牆頂，直接承受椽條的外推力；或在牆體下方幾英吋的位置，利用拉力接頭來結合主要的支柱。	
露面榫頭	bareface tenon
只有一邊榫肩的榫頭。	

彎曲	bow
大木長度在水平方向上相對於直線的偏移情形，又稱為捲曲（sweep）。如果偏移情形發生在垂直方向，就稱為隆起（crown）。	

大木構架常用木材樹種的設計數值比較

分級：第 2 級的樑材和縱桁

彎曲時的纖維應力，或稱為 Fb（以 psi 為單位），是樹種強度的度量單位：

- 東部白松：575
- 花旗松：875
- 東部鐵杉：750
- 紅橡：875
- 白橡：750
- 白雪松：500

平行於木紋的剪力，或稱為 Fv（以 psi 為單位），讓我們知道（舉例來說）可以在樓版格柵的端部開鑿多大的凹口：

- 東部白松：125
- 花旗松：170
- 東部鐵杉：155
- 紅橡：155
- 白橡：205
- 白雪松：115

彈性模數，或稱為 E（以 psi 為單位），說明樹種的剛性，是主宰樓版格柵設計、讓它不會彈動的因素；在椽條上則不會那麼在意這個數值：

- 東部白松：900,000
- 花旗松：1,300,000
- 東部鐵杉：900,000
- 紅橡：1,000,000
- 白橡：800,000
- 白雪松：600,000

鑿刀研磨方法

大部分的利器在購買時都不會很銳利，因此購買後必須加以維護，使其保有銳利且確實的刃口外觀。研磨的課題本身就是一門學問，而且每個人都有自己喜好的一套系統。因為幾乎每天都會用到鑿刀，我們將聚焦於此，而鉋刀也可以採用相同的做法來磨利。

取得鑿刀後的第一步是確認刃口是否垂直於兩側刀緣；這裡可以利用複合式尺規進行校準。如果不垂直，刃口就只能局部地深入樺眼之中，研磨工作也會變得

使用斜角規和量角尺來確認斜刃面的角度

困難。此外也要確認鑿刀前緣的斜刃面；它應該維持在25~30角度之間，這裡可以利用斜角規（滑動式 T 型斜角規）及量角尺進行測量。如果上述有其中一項不符合（通常會是老舊如骨董角般的鑿刀），或是刀口有嚴重缺口時，就必須打磨斜刃面，直到復原良好狀態為止。打磨作業可以利用固定式砂輪機或皮帶型磨光機來處理，如果你夠仔細且有耐心，不要讓鑿刀溫度升高太多而破壞了金屬的韌度。你也可以委託專業的技工代為處理，不過加工費用通常會比你買一把新的鑿刀還要高。

斜刃面處理完畢後，就可以開始打磨（只用砂輪機或皮帶式磨光機不太可能將刀緣研磨得銳利）。下面介紹不同的磨刀石選擇，個別對應的價格和優點如下：

- 油磨刀石是最便宜耐用的材料，不過容易弄得一團亂、速度也比較慢，而且一旦磨損就不能再整平使用。
- 水磨刀石（有天然品及合

成品的區別）的價錢容易負擔，但因為磨耗很快，因此需要定期整平。在我看來，它能很快地研磨工具且成效良好。

- 陶瓷水磨刀石很耐用，甚至可以用一輩子。它是以極細緻的砂岩製成，相較來說價格也比較昂貴。
- 鑽石磨刀石的表面平坦，既可以水磨、也可以乾磨。雖然能夠買到每一面顆粒粗細都不同的磨刀石，但那也是最貴的一種。

另外還有兩種值得分享的方法：可將水磨／乾磨用的砂紙確實黏貼在平坦的強化玻璃或石塊上，但有時候這種方式反而會隨著時間拉長而墊高成本。如果你研磨鑿刀的頻率很高，你可能會想購買 Tormek 或 Work Sharp 這類電動研磨機具。

使用磨刀石研磨

在整理鑿刀或鉋刀時，你會需要一塊 2" 寬乘以 8" 長（5x20）的磨刀石，並至少需要兩種不同粒度的研磨

面：中等粒度可以用來修整鑿刀斜刃面上的微斜面（mircrobevel），細粒度研磨面則用來拋光。粒度更細緻的研磨面甚至可以做出光滑又鋒利的刀緣。

1. 鑿刀上兩個拋光整平面的交會處是刃口最鋒利的位置。這表示刀背必須是平的，所以在修整鑿刀的斜刃面之前，必須先將刀背「疊」在平坦的磨刀石上，直到你見到刀緣和刃口後方至少又有 1/8" (0.3) 左右接觸到磨刀石。除非要削除任何「毛邊」，否則這會是唯一一次對刀背進行處理。不要抬起鑿刀握把，不然會使刀背產生不正確的斜面。

2. 完成刀背的處理後，翻面將鑿刀的斜刃面放在磨刀石上，抬起握把，直到你感覺斜刃面接觸到磨刀石、或者看到有一點水或油從前緣噴出去，然後再稍微將握把抬高 1" (2.5) 左右以研磨出 1 或 2 度的微斜面，這會你省去整理整塊斜刃面的工作。盡可能地用你的手支撐住鑿刀，手肘靠緊身體，然後擺動腳步以適度的壓力帶著鑿刀來回於磨刀石之上。有些人會以畫 8 字形的韻律盡可能平均地來回研磨。

3. 當微斜面磨好，翻轉鑿刀，並往回輕拉一兩次，藉此去除研磨產生的毛邊，確保鑿刀與磨刀石貼合。

坊間有許多種研磨輔助器可以幫助你在研磨過程中找到適當的角度，但我總覺這些方法大多過於麻煩，直到我發現 Veritas MK II 輔助磨刀器。我到現在仍一直在使用，它也很容易在網路上買到。

要測試研磨後的銳利度，你可以將鑿刀沿著一支塑膠筆桿推，如果能勾住筆桿，那應該就大功告成了。如果你需要更多的指引，有許多網站或影片都提供協助。還有就是要不斷地練習、練習、再練習。

參考資源

組織機構

芯木學校
The Heartwood School for the Homebuilding Crafts
Washington, Massachusetts
413-623-6677
heartwoodschool.com

東北木材製造商協會
Northeastern Lumber Manufacturers Association (NeLMA)
Cumberland Center, Maine
207-829-6901
nelma.org
出版美國東北木材標準分級規範，內容包括該地區的許多軟木和硬木的設計數值。

結構型隔熱版協會
Structural Insulated Panel Association (SIPA)
Fort Lauderdale, Florida
253-858-7472
sips.org
提供結構型隔熱版相關資訊（包括構造細部圖）以及廠商聯絡方式

大木構架協會
Timber Framers Guild
855-598-1803
tfguild.org
保存大木構架工藝的非政府組織

該協會涵蓋：
- 大木構商會：由一群同好者組成，為供應商提供工具、木材、五金等相關資源和聯繫管道。
- 大木構工程委員會：出版技術公告、提供大木構專業結構技師的聯絡方式。
- 傳統大木構研究顧問小組（The Traditional Timberframe Research and Advisory Group，TTRAG），專門研究歷史大木構架結構。

線上論壇

林學論壇
The Forestry Forum
forestryforum.com

大木構架協會
Timber Framers Guild
forums.tfguild.net

木釘

諾斯科特木車旋公司
Northcott Wood Turning
Walpole, New Hampshire
603-756-4204
pegs.us

尋找附近的鋸木廠

林學論壇服務資料庫
Forestry Forum Services Database
forestryforum.com/datasearch.html

可攜式製材機搜尋網
Portable Sawmill Finder
portablesawmill.info
輸入你所在地的州名和「木料製造商」或「木材加工廠」，你還可以查詢到製材機供應商的通訊錄。

伍德邁專業鋸木匠社群
Wood-Mizer Pro Sawyer Network
woodmizer.com

機具供應商

新式大木機具的相關資料在網路上不難搜尋到。下列是我們特別要推薦的供應商：

吉姆博得機具行
Jim Bode Tools
Elizaville, New York
518-537-8665
jimbodetools.com
專營大木構架古董手工具翻新。

高手工程行
The Superior Works
Patrick Leach
Ashby, Massachusetts
leach@supertool.com
supertool.com
專營大木構架古董手工具。

木狼機具行
Timberwolf Tools
Newry, Maine
800-869-4169
timberwolftools.com
專營大木構架電動工具。

大木構架協會：
Timber Framers Guild
855-598-1803
tfguild.org
販售 Borneman 放樣版。

大木機具行
Timber Tools
Niagara Falls, New York
800-350-8176
timbertools.com
專營大木構架與圓木建築相關的手工具和電動工具。

巴爾專業機具行
Barr Specialty Tools
McCall, Idaho
800-235-4452
barrtools.com
專營鑿具、砍斧、木槌、和其他手工鍛造的大木構工具。

新英格蘭復古機具行
Vintage Tools NE
（Jim Rogers Sawmill）
Georgetown, Massachusetts
800-442-6250

吉姆羅傑斯鋸木廠
專營大木構架古董手工具翻新。
jrsawmill.com/Timber_Framing_Tools_For_Sale.htm

大木構架總部
Timber Frame Headquarters
Brice Cochran
Mountain Rest, South Carolina
888-552-9379
timberframehq.com

李華利&華瑞泰機具公司
圖紙、書籍、工具。
Lee Valley & Veritas Tools
leevalley.com
800-871-8158
大木構架手工具、Veritas Mk.II Honing Guide 磨刀器。

參考書目

Benson, Tedd. *The Timber-Frame Home*, rev. ed. Taunton Press, 1997.
    Good book on timber frame design and related systems, such as foundations, enclosures, plumbing, electric, etc.

Chappell, Steve. *A Timber Framer's Workshop*. Fox Maple Press, 2011.
    Design, engineering, and wood technology as applied to timber framing

Rower, Ken, ed. *Timber Framing Fundamentals*. Timber Framers Guild, 2011.
    Numerous articles from the quarterly journal Timber Framing *for those new to the craft; subjects include layout (including scribe rule), tools, design, engineering, raising, and rigging.*

Sobon, Jack A. *Build a Classic Timber-Framed House*. Storey Publishing, 1994.
    Best book for a supplemental reference on square rule layout and for the projects in this book

——. *Historic American Timber Joinery*. Timber Framers Guild, 2002.
    Graphic catalogue of joints, including those used in projects here

Sobon, Jack A., and Roger Schroeder. *Timber Frame Construction*. Storey Publishing, 1984.
    Original version of our core timber frame with more square rule procedures

Timber Framers Guild. *Timber Framing*, the quarterly journal of the Timber Framers Guild, 1985–2014.
    Index, CD of back issues, and individual copies available

中英詞彙對照表

中文	英文
英文 · 數字	
Borneman 放樣版	borneman layout template
T 型鑽頭	T-auger
3 畫	
丈量工具	measuring tools
上下鍵片	"over-and-under" spline
大木推車	timber cart
大木清單	timber list
大木構架	timber framing
大木構架工程委員會	timber frame engineering council
大木構架協會	timber framers guild
大木槌 / 杵 / 重槌	persuader / beetle / commander
大斧	broadaxe
山牆屋頂	gable roof
4 畫	
中間樑	intermediate beam
切線方向上的收縮	tangential shrinkage
手工鉋刀	hand plane
手拉器	come-along
支柱	post
方整度	squareness
日式鉋刀	japanese handsaw
日式雙面鋸	ryoba-style japanese saw
木料	lumber
木釘	peg
木槌	mallet

木螺釘	timber screw
木髓	pitch
水平儀	level / bubble level

5 畫	
凹槽	housing
凹槽座	housing table
出簷	overhang
包膜與釘版條隔熱系統	wrap and strap insulation system
外覆層	sheathing
外觀	appearance
平行於紋理的剪力	shear parallel to the grain（Fv）
平鉋	smooth plane
平翼型鑽頭	forstner-type bit
未分級的原始木料	ungraded native lumber
生材	green timber
用途	use
立起構架	raising frame

6-7 畫	
再利用大木	reclaimed timber
回歸鄉間運動	back-to-the-land movement
地檻 / 木地檻	sill
收尾	relish
羊角榔頭	claw hammer
自力營造	owner-builder
含水率	moisture content
扭轉	twist
材料尺寸	scantings

8 畫	
使用分區管制	zoning

定尺	sizing
定向粒片版	oriented strandboard（OSB）
底面榫頭	soffit tenon
底層樓版	subfloor
承受彎曲時的纖維應力	fiber stress in bending（Fb）
拉孔	drawboring
拉伸	tension
拉拔器	dent puller
放射方向上的收縮	radial shrinkage
放樣	layout
斧頭	axe
東北木材製造商協會	Northeastern Lumber Manufacturers Association（NeLMA）
東部白松	eastern white pine（EWP， 學 名 pinus strobus）
松樹	pine
枕木	sleeper
法式木工記號	french carpenter's marks
版呎	board foot（Bf）
版材	board
直角基準法則	square rule
直角基準法則縮減	square rule reduction
直角規	framing square
空氣阻隔層	air barrier
肩到肩長度	shoulder-to-shoulder length
肩部	shoulder
芝加哥大火	the Great Chicago Fire
芯木學校	Heartwood School
芯材	boxed heart

長向收縮	longitudinal shrinkage
門柱	door post
阻擋鉋	block plane

9畫

屋頂斜度	rood pitch
屋簷	eave
屋簷側牆	eaves wall
建築用合成包覆膜	housewrap
建築法規	building codes
建築許可	permit
扁斧	adze
拱起	crown
柱樑系統	post-and-beam system
活載重	live load
砍斧	felling axe
美沃奇鑽孔機	Milwaukee Hole Hawg
耐久性	durability
風力載重	wind load

10畫

倒角	chamfer
剖面圖	section
剛性	rigidity
套拉索	parbuckling
套柄式鑿刀	socket chisel
套圖	mapping
容許跨距	allowable span
座向	orientation
挫屈	buckle

桁樑	plate
框架構架	stick framing
浮式基礎	floating foundation
特性量測	measurement of characteristics
紋理	grain
能量足跡	energy footprint
釘版條	strapping
高程	elevation
11 畫	
乾燥	drying
乾牆	dry wall
乾縮	shrinkage
剪力	shear force
剪力牆	shear wall
參考平面	reference plane
參考面	reference face
國際住宅法	International Residential Code（IRC）
基地尺寸	lot size
基礎	foundation
帶有刀根的鑿刀	tang chisel
帶鋸機	bandsaw mill
帷幕牆	curtain wall
強度	strength
捲尺	tape measure
接合部／接頭	connection / joinery
控制點	control point
斜切角料	cant
斜釘	toe-nail
斜撐	brace

梯式膝形椽條座	step-lap rafter seat
混凝土基樁	concrete pier
混凝土基礎	concrete foundation
畢氏定理	Pythagorean theorem
異向性	anisotropy
粗鉋	scrub plane
細木工 / 榫接	joinery
組立計畫	raising script
設計數值	design value
貫穿榫眼	through mortise
軟木	softwood
鳥嘴接頭	birdmouth joint
12 畫	
傑克·索邦	Jack Sobon
單戶、兩戶家庭住宅	one- and two- family dwelling
單版層積材	laminated veneer lumber（LVL）
圍封	enclosure
圍樑	girt
嵌入式格柵	drop-in joist
嵌接	scarf joint
揀選結構	Select Structure
插銷孔	pin hole
插銷	pin
棘輪綑綁帶	rachet strap
無芯材	free of heart center（FOHC）
無線電頻率的窯廠	radio-frequency kiln
發泡版	foam board
發泡隔熱層	foam insulation
發泡噴霧	spray foam

短紋	short grain
短榫	stub tenon
硬木	hardwood
等級	grading
結構工程	structural engineer
結構性支撐	structural support
結構型隔熱版	structural insulated panel（SIP）
裁切／鋸切	cutting
裂縫	checking
超級三角尺	speed square
開榫機	mortiser
間柱	stud
間距	spacing
間隔	bay
間隔板	spacer board

13 畫	
圓鋸	circular saw
新鮮樹枝叢	wetting bush
椽條	rafter
楔型半燕尾榫	wedged half-dovetail joint
楔塊	wedge
楣	header
稜線	arris
跨架	bent
道路退縮	road frontage
鉋刀	plane
鉛直度	plumb
隔熱	insulation

14 畫

劃線法則	scribe rule
墊木	sticker
實際尺寸	actual dimension
對接	butt joint
敲擊螺栓	punch bolt
榫眼	mortise
榫眼－榫頭接頭（榫卯）	mortise-and-tenon joint
榫眼鑿	mortising chisel
榫頭	tenon
榫頭檢測版	tenon checker
端紋	end grain
輕型構架	light frame
閣樓	loft
複合式呎規	combination square

15 畫

增建	addition
墨線	chalk line
彈性模數	modulus of elasticity（E）
撓曲變形	deflect
椿基礎	pier foundation
樑	beam
樓版平面圖	floor plan
樓版格柵	joist
樓版格柵凹口	joist pocket
樓版構架	floor frame
標記工具	marking tool
標記構架	labeling the frame
標稱尺寸	nominal dimension

模版	template
模矩	module
窯	kiln
衝擊槌	dead-blow mallet

16 畫	
壁版	siding
整備基地	site preparation
樹節	knot
樹種	specie
橫剖面圖	transverse section
橫割鋸	crosscut handsaw
燕尾榫眼	dovetail mortise
磨利鑿刀	sharpening of chisel
積雪載重	snow load
篩網	screen
輻鉋	spokeshave
鋸口	kerfing
鋸木架	sawhorse
鋸木廠法則	mill rule
靜載重	dead load
頰面	cheek
頸樑	collar

17 畫以上	
壓縮	compression
應力	stress
縱剖面圖	longitudinal section
縱割鋸	ripsaw
鍵片接頭	spline joint

嚙接 / 舌叉榫頭	bridle joint / tongue-and-fork joint
職業安全與健康管理局	Occupational Health and Safety Administration（OHSA）
爆炸圖	exploded frame view
繫樑	tie beam
邊槽鉋	rabbet plane
鏈帶式榫眼機	chain mortiser
鏈鋸	chainsaw
露面榫頭	barefaced tenon
彎曲	bending
彎曲	bow
鑽子	drill
鑽孔機	boring machine
鑽樑機 / 鑽孔機	beam drill / boring machine
鑽頭	auger bit
鑿刀	chisel

國家圖書館出版品預行編目資料

大木構架：北美大木柱樑式工法設計與施作，從0到完成徹底解構木質建築最高技藝／威爾.畢莫（Will Beemer）著；
張正瑜譯. – 初版. – 臺北市：易博士文化，城邦文化事業股份有限公司出版：英屬蓋曼群島商家庭傳媒股份有限公司城邦分
公司發行. 2021.01　　面；　公分
譯自：Learn to timber frame : craftsmanship, simplicity, timeless beauty.　ISBN 978-986-480-132-9（平裝）

1.建築物構造 2.木工

441.553　　　　　　　　　　　　　　　　　　　　　　　　　　　　　　　　　109018887

DO3204

大木構架：北美大木柱樑式工法設計與施作，從0 到完成徹底解構木質建築最高技藝

原 著 書 名／Learn to Timber Frame: Craftsmanship, Simplicity, Timeless Beauty
作　　　　者／威爾・畢莫〔Will Beemer〕
譯　　　　者／張正瑜
選 書 ・ 編 輯／邱靖容
業 務 經 理／羅越華
總 　 編 　 輯／蕭麗媛
視 覺 總 監／陳栩椿
發 　 行 　 人／何飛鵬
出　　　　版／易博士文化
　　　　　　　城邦文化事業股份有限公司
　　　　　　　台北市中山區民生東路二段141號8樓
　　　　　　　電話：(02) 2500-7008　　傳真：(02) 2502-7676
　　　　　　　E-mail：ct_easybooks@hmg.com.tw
發　　　　行／英屬蓋曼群島商家庭傳媒股份有限公司城邦分公司
　　　　　　　台北市中山區民生東路二段141號11樓
　　　　　　　書虫客服服務專線：(02) 2500-7718、2500-7719
　　　　　　　服務時間：週一至週五上午09:30-12:00；下午13:30-17:00
　　　　　　　24小時傳真服務：(02) 2500-1990、2500-1991
　　　　　　　讀者服務信箱：service@readingclub.com.tw
　　　　　　　劃撥帳號：19863813
　　　　　　　戶名：書虫股份有限公司0城邦（香港）出版集團有限公司
香 港 發 行 所／香港灣仔駱克道193號東超商業中心1樓
　　　　　　　電話：(852) 2508-6231　　傳真：(852) 2578-9337
　　　　　　　電子信箱：hkcite@biznetvigator.com
馬 新 發 行 所／城邦（馬新）出版集團【Cite (M) Sdn. Bhd.】
　　　　　　　41, Jalan Radin Anum, Bandar Baru Sri Petaling,
　　　　　　　57000 Kuala Lumpur, Malaysia.
　　　　　　　電話：(603) 90578822　　傳真：(603) 90576622
　　　　　　　E-mail：cite@cite.com.my
內 頁 攝 影／杰瑞德・里茲〔Jared Leeds〕
美 編 ・ 封 面／林雯瑛
製 版 印 刷／卡樂彩色製版印刷有限公司
圖 片 素 材／P7-8：Freepik.com

■ 2021年1月19日 初版1刷
ISBN　978-986-480-132-9
定價1200元　HK$400

城邦讀書花園
www.cite.com.tw